TURING 图灵新知

大　栗　先　生

の

超　弦　理　論　入　門

（日）大栗博司/著　逸宁/译

卢建新/审读

Superstring Theory

U0383224

九　次　元　世　界　に　あ　っ　た　究　極

の

理　論

超弦理论：
探究时间、空间及宇宙的本原

人 民 邮 电 出 版 社
北 京

图书在版编目（CIP）数据

超弦理论：探究时间、空间及宇宙的本原 /（日）
大栗博司著；逸宁译 . -- 北京：人民邮电出版社，
2015.1
（图灵新知）
ISBN 978-7-115-37386-1

Ⅰ. ①超… Ⅱ. ①大… ②逸… Ⅲ. ①超弦 Ⅳ.
①O572.2

中国版本图书馆CIP数据核字（2014）第246507号

内 容 提 要

超弦理论是继牛顿力学、爱因斯坦相对论之后，时空概念的第三次革命。超弦理论统一了引力理论与量子力学的矛盾，本书中，大栗教授以通俗、风趣的语言讲解了量子物理基础、弦理论到超弦理论的最新发展、超弦理论的理论原理及证明，并在超弦理论下重新思考与探究了时空概念。

◆ 著 　　　　（日）大栗博司
　　译 　　　　　逸　宁
　　审读 　　　　卢建新
　　策划编辑 　　武晓宇
　　责任编辑 　　乐　馨
　　装帧设计 　　broussaille 私制
　　责任印制 　　杨林杰

◆ 人民邮电出版社出版发行　　北京市丰台区成寿寺路11号
　　邮编　100164　　电子邮件　315@ptpress.com.cn
　　网址　https://www.ptpress.com.cn
　　北京虎彩文化传播有限公司印刷

◆ 开本：787×1092　1/32
　　印张：9.75　　　　　　　　2015 年 1 月第 1 版
　　字数：167 千字　　　　　　2025 年 1 月北京第 36 次印刷
　　著作权合同登记号　图字：01-2014-5226 号

定价：49.80 元
读者服务热线：(010)84084456-6009　印装质量热线：(010)81055316
反盗版热线：(010)81055315
广告经营许可证：京东市监广登字 20170147 号

目录

序言一

中国科学技术大学"长江特聘"教授／卢建新

大栗博司（Hirosi Ooguri）是国际弦理论领域著名学者，在弦理论的相关形式理论发展方面做出了国际领先性的工作，是拓扑弦理论四位创始人之一。他在《超弦理论：探究时间、空间及宇宙的本原》这本旨在启蒙更多的日本青少年对科学、对物理的兴趣的科普读物中，以娓娓动听的语言把这门通常让人望而生畏的研究领域通俗易懂地展现出来。该书不仅解释了为何在考虑引力时，用于描述可观察世界的粒子物理标准模型所基于的法则失效，同时强调了取而代之的最有希望的候选理论是超弦理论。超弦理论的发展已经历了40余年和两次革命，目前人们对它的理解和认识与早期相比不可同日而语，作者对这些发展在书中都给了很好的描述，有些地方的描述非常精彩和独特。特别值得强调的是作者在书中用浅显的语言阐述了引力、空间和时间的深刻内涵，这在科普读物中非常少见的，很可能是首次。

另外，作者在本书中生动地描述了自己是如何进入这一激动人心的研究领域，希望通过这本书的努力能起到激励年轻人对科学的兴趣和热忱，并回报社会和纳税人长期对他从事超弦理论这种基础研究的支持。

本书是作者写的科普读物《引力是什么》和《强力和弱力》的总结篇。《引力是什么》在日本得到了广泛好评，目前的发行量已达到17万册。而本书在日本已是第7次再版，同样得到了读者广泛的好评，作者也因此在本年度获得了日本科普读物唯一的奖项——讲谈社科学出版大奖。

当收到邀请为该日文原著的中译本写序推荐时，我也是首次读到这本书，并被这本书的内容深深地吸引，与作者在很多地方有共鸣之处。我在正式接受这一邀请的同时，也主动提出帮助修改中译初稿中一些专业内容翻译不到位的地方，希望本书的出版能尽可能地向读者还原出原著描述的内容。我深信这本科普读物的中译本对中国的青少年同样会起到对他们在科学、物理的兴趣方面的启蒙作用。我也深信该书对广大读者们正确地了解超弦理论及其内涵，以及引力、空间和时间的本质方面有帮助。当你打开这本书，开始阅读旅程时，相信你会用自己独特的方式体会到她的魅力所在。

序言二

中国人民大学物理系教授 / 朱传界

《超弦理论：探究时间、空间及宇宙的本原》是由大栗博司写的一本科普著作，是由日文翻译过来的。由于不懂日文，我没有阅读原著，但我欣喜的发现书中除人名部分不太习惯外，其它部分尤其是专业部分的叙述都很贴切，这也许与我们同为东方人有关。

大栗博司现任美国加州理工学院卡弗里讲席教授和设置于日本东京大学的卡弗里数学物理联合宇宙研究机构（Kavli IPMU）研究主任，是一名世界知名的理论物理学家，其主要研究方向是超弦理论，在黎曼面上的场论、拓扑弦理论和各种理论的对偶性等方向，做出了重要的工作。据书中介绍，这本《超弦理论：探究时间、空间及宇宙的本原》应该是他在 2013 年继《引力是什么》和《强力和弱力》之后的第三本科普著作。超弦理论的宏伟目标之一就是统一自然界的四种相互作用力，因此这些科普著作也是大栗博士关于宇宙世界的三部曲。通过阅读手上的这本《超弦理论：探究时间、空间及宇宙的本原》，我现在急切地想知道大栗博司在他的另外两本书里又是如何向我们描叙浩瀚的宇宙和奇妙的微观世界的。

单就本书而言，著者通过插叙个人经历的笔法，生动地描述了超弦理论的两次革命。从为什么是弦开始，通过介绍现在我们所知道的微观世界和描叙微观世界的标准模型，以及遇到的各种困难和解决方法，引入了超弦理论，再写到超弦理论的几起几落，清晰地告诉了我们超弦理论的世界会是什么样的：空间和时间都是一些有用的幻想吗？他们又是如何像温度一样由很多粒子和弦的运动呈现出来的呢？本书内容安排巧妙，各章相互关联，著者在前言中关于本书的阅读方法赘述的几点个人建议，完全毁灭了我要逐章介绍每章内容的冲动。

我们知道，历史上电现象和磁现象的研究最终由麦克斯韦给出一组方程完成了电磁理论的统一，但这组方程带给人们关于时空观念的改变却直至40年后由爱因斯坦提出狭义相对论。现在粒子物理的标准模型在发现希格斯粒子后也尽善尽美，但宇宙学的大爆炸标准模型却因更精确的实验对粒子物理的标准模型提出了挑战：暗物质和暗能量是什么？如何解决这些问题，从根本上就是要解决引力理论和量子力学相互矛盾的问题，而超弦理论就是最有希望的候选者。对探索这些问题有兴趣的读者，我强烈推荐这本《超弦理论：探究时间、空间及宇宙的本原》。

前　言

　　从古至今，人类从未停止追问"空间是什么"和"时间是什么"。我们早已习惯了空间和时间的存在，将其视为日常生活的前提。但是，只要静下心来重新思考它们是什么，就会发现这是十分深奥的问题。我们目前感知到的空间为具有长、宽、高三个度量的三维空间，感知到的时间为从过去到未来的单向流动。可是随着科学的发展，关于空间和时间的观点却在发生着巨大的变化。

　　物质是否独立于空间与时间？人类从古希腊时代开始就一直积极探索这一问题。公元前4世纪的哲学家亚里士多德认为，自然界不存在纯粹的"真空"，他认为"自然界厌恶真空"。无论空间还是时间都是伴随着物质及物质的运动而定义的，也就是说物质不独立于时空而存在。

　　此后，亚里士多德提出的这一时空概念在欧洲统治了两千多年。

但是到了 17 世纪，艾萨克·牛顿掀起了时空概念最初的革命。牛顿为了完成力学理论，他引入了从物质独立出来的"绝对空间"和"绝对时间"的概念。空间是自然现象的容器，是独立存在的。时间在宇宙的任何角落都是一样的。这种观点与我们普通人对空间和时间的感觉很相近。牛顿的力学对低速运动的描述非常成功，构成了现代社会的科学基础，其"绝对空间"和"绝对时间"的观念因此为一般大众所接受。

不过，进入 20 世纪后，出现了关于时空概念的第二次革命。阿尔伯特·爱因斯坦推翻了牛顿的空间和时间绝对不变学说。

爱因斯坦在 1905 年发表了狭义相对论，认为空间和时间会因观测者的速度而伸缩；并于 1916 年发表了广义相对论，认为空间和时间的伸缩可以揭示物质之间的引力。空间和时间不仅仅是物理现象的容器，还与其中的引力有着密切的关系，在引力的作用下会产生伸缩变化。

也许我们对时空的伸缩一无所知。但是，爱因斯坦的理论与我们的日常生活是紧密相连的。例如智能手机和汽车导航使用的 GPS（全球定位系统）定位，必须把广义相对论和狭义相对论中提到的时间伸缩计算进去才能精准定位。

然而，故事并没有在爱因斯坦这里结束，现在正要兴起时空概念的第三次革命。这是一种出人意料的说法，即空间只不过是一种呈展，即衍生的概念①。

虽然爱因斯坦主张在引力的作用下空间和时间是伸缩的，但是他并不怀疑作为自然现象框架的空间和时间的存在。不过随着后来物理学的发展，这种观点发生了改变。

大约在爱因斯坦发表引力理论（广义相对论）10 年后，微观世界的法则——量子力学得以确立。于是我们发现，引力理论与量子力学之间存在严重的矛盾。攻克这一矛盾并建立统一两者的理论，成了现代物理学的重大课题。

本书所讲述的超弦理论就是解决这一课题的相关理论。这个理论认为，物质不是由粒子组成的，而是类似于线状的"弦"。虽然这一关于物质组成的超弦理论还未得到实验的验证，但是它是能够解决引力理论和量子力学之间矛盾并将二者统一的理论，是描述基本粒子的终极统一理论中的最有力备选理论，非常值得我们期待。

超弦理论既是关于物质的理论，又是关于空间和时间的理论。超

---

① 指空间在基本规律作用下的体系形成新的层次而呈现出的一种特性。呈展论（emergence），认为物质结构是分层次的，每个层次都会展现全新的性质，这些性质已超出了基本规律如基本粒子物理领域，可以被称作层展性质，与其相关的现象就是层展现象。

弦理论的研究中发现了令人震惊的现象，那就是空间的维度变化。我们所熟知的三维空间会变成四维或二维空间。另外，根据不同的观测方式，在三维空间出现的现象也同样会出现在九维空间。

下面举个例子来说明。日常的生活经验告诉我们，冰是坚硬的，是由形态自由的水凝固而成的。但是在微观世界里，它们的特性差异是用分子的结合方式来解释的。分子本身并不具备冰的特性和水的特性，单独看每个分子，冰和水就没有区别了。数量庞大的分子聚集的时候，由于聚集方式不同，冰和水才具备了各自不同的特性。

另外，如同冰和水的区别那样，"温度"也是一个次生性概念。我们日常生活中感知的冷暖是用"温度"这个标准来衡量的。但是在微观世界里，各个分子自身不具备温度特性，温度只不过是分子平均能量的表现。从分子的层面上讲，温度这一概念也是不存在的。那么或许可以说，温度是我们从微观世界层面中产生的呈展效应①。

超弦理论就是以空间维度为对象，进行了与上述例子类似的思考与研究。例如空间的维度变化、观测方式差异下不同维度空间中出现的相同现象，我们也并不能确定这些是否是空间这一概念的本质。或

---

① 简单说即是宏观层面上对微观现象的一种等效描述，或者说是对其更本原的规律在宏观层面上的一种刻画。

许就像温度只不过是分子运动的表现那样，"空间"也是某种更加本原东西所表现出的次生概念，也就是说"空间"也只是我们在本原层面中的呈展结果。超弦理论中就是这么讲的。

这么一说，你可能会想：怎么尽是些打破常规的言论。但是，物理学家可不是喜欢打破常规的人。相反，他们非常保守。例如，他们会执着于已经确立的理论，不会轻易摒弃，直到山穷水尽，无路可走。当然，如果爱因斯坦的理论能够不改变，那是最好了。所以打破常规的言论与物理学家的精神追求是不相容的。我们物理学家早上去大学上班时，可不是突发奇想"好，今天就掀起时空概念的革命吧"，继而开始搞起研究的。我们平常思考的是关于各个物理现象的具体研究课题。

不过，对于研究最尖端的基本粒子物理学来说，引力理论和量子力学都很重要。因此，我们正在探求一种能够消除引力理论和量子力学之间的矛盾，并能将二者有机结合的新理论。各种应运而生的理论相继被推翻，最后剩下了以"弦"为物质基础的超弦理论。

另外，在该理论的数学逻辑确认研究过程中，我们发现了空间的维度变化这一惊人的现象。也就是说，对自然本质的科学探求，引领我们不得不重新思考"空间是什么"。我撰写本书的目的就是想让大家也能够理解这一点。

关于本书的阅读方法，下面赘述几点个人建议。

我在撰写这本书时，使用了最低限度的相关专业背景知识，来介绍超弦理论的最新研究成果。不过，为阐述后面内容做准备，第一章和第二章将先讲解一些关于量子力学和基本粒子论的基础知识。

如果有的读者想尽早阅读超弦理论部分，或者感到这两章读起来有困难，不妨先阅读第三章，真正介绍超弦理论是从第三章开始的。掌握了该理论的全貌后，如果还想深入了解的话，可以再回过头来阅读前面的章节。

第三章介绍了超弦理论体系下作为物质基础的基本粒子和粒子之间的作用力。另外还解释了"弦理论"转变为"超弦理论"的原因，并详细讲解了两者的差异以及发展过程。

第四章阐明了超弦理论中关于"空间的维度限定"之理由。超弦理论的一大特征是，空间的维度是确定的。本书尝试对其中的原因进行解释说明。不过，刚开始阅读的时候不要觉得太难，即使以"在超弦理论中维度是确定的"为前提轻松地阅读，也不会为后面内容的理解设置障碍。

第五章的内容脱离了超弦理论的主线，介绍了引力和电磁力等自然界中所有力的统一原理。这个原理叫作"规范场论"。关于基本粒子的基本理论（标准模型）和之后登场的超弦理论都涉及了这个原理，所以本书尽量简单又准确地解释了"规范场论"。不过，如果觉得概念过于抽象，难于理解，只要记住"规范对称性"这个词语后，接着读下一章就可以了。在后面的内容中会再次遇到"规范对称性"这个词时，若想对其深入了解，可返回第五章阅读。

从第六章开始，超弦理论终于成为了主角。

第六章讲述的是"第一次超弦理论革命"，这次革命使超弦理论在基本粒子理论的世界里一举成名。第八章讲述的是"第二次超弦理论革命"，这次革命使超弦理论飞跃到了一个新的高度。这两次"事件"介绍了超弦理论研究中的戏剧性的进展与突破。另外，夹在这两章之间的第七章，记述了我自己迷上超弦理论和投身该理论研究的原委。

第九章提出了空间是"呈展"的观点。通过超弦理论的研究，我的世界观被彻底颠覆了。我也想让大家拥有这样的体验，这就是我撰写本书的动机所在。

如果空间是呈展的话，那么时间是否也是呈展的？大家也都很关心这个问题吧？过去和未来，它们真的有什么区别吗？时间到底是什么呢?最后的第十章是关于时间的思考。

　　每章的开头会引用与本章话题相关的文学作品或历史文献做简单引导。另外,每章结尾的小专栏可以让读者放松休息。单独阅读这些内容亦是阅读本书的乐趣所在。

　　拙作《引力是什么》和《强力与弱力》中的插图基本上都是我自己画的。至于本书,插图虽不是很多,但图表的数量不少,所以是委托专业人员制作的。不过,书中科学家们的肖像画与前两本书一样,都是我自己画的。因为我觉得我了解他们的研究内容,可以在画中更多地表现其内涵。

　　大家可以根据自己的习惯,用不同的阅读方法来体会本书的乐趣。

　　接下来,就让我为大家解释一下物理学家认为"空间是呈展"的理由吧。

第一章

为什么不是"点"？

偶然降生在，

漫无边际的空间里，

我为什么会在这里？

2006 年，日本宇宙航空研究开发机构（JAXA）开始编辑《宇宙连诗》，以发展日本传统的连歌和连句。这是第一期的第四首诗，作者是当时上小学二年级的学生浅野俊。

"我为什么存在于这个世界？""宇宙是如何形成的？今后又会变成什么样？"这些看似单纯朴素的问题，实际上都是触及本原的问题。我想有很多人在小时候都想过这些问题。我们基本粒子物理学家也是在这些疑问的伴随之下成长起来的，继而探求自然界的基本法则，努力尝试以科学的方法来解答这些问题。

1. 点是没有部分的

从古希腊时期到现代的基本粒子论时代，人类一直都认为一切物质的本原是粒子，这些粒子如同几何学中不具备大小的点，构成了世间万物。然而，超弦理论认为物质不是由粒子组成的，而是线状的"弦"（图1-1）。为什么不能认为一切物质都是"点"组成的呢？首先我们从这里讲起。

图1-1 超弦理论认为物质的基本单元不是"点"（粒子），而是"线"（弦）

　　公元前 3 世纪，古希腊数学家欧几里得编著了《几何原本》，为几何学奠定了坚实的基础。这部著作的第一卷为各种各样的术语确立了定义。最先被定义是"点"，书中这样写道：

　　点是没有部分的。

　　虽然以现代的数学理论基准来看，很难说这是一个严谨的定义，但它却是欧几里得构筑几何学的基础。因为"没有部分"，所以点没有长和宽。

　　欧几里得定义"点"之后，确立了五个公理。例如，第一个公理是"两点确定一条直线"。如果想要画图的话，首先点的位置就变得尤为重要。

　　这里定义的纯数学的点与我们日常生活中的点是不同的。数学教科书里的"点 A"和"点 B"等是由黑色墨水印刷在纸上的，看上去它们具有面积。欧几里得定义的点"没有部分"，可以说，数学将我们日常生活中的"点"理想化了。

　　在我们探究物质本原的过程中，发现物质的基本单元也如同欧几里得定义的"点"。

2. 物质是由什么组成的

同是来自古希腊的哲学家德谟克利特认为，万物的本原是点状粒子"原子"，原子在真空中运动。他认为，物质所具有的颜色和气味等并不是原子本身特有的属性，而是数量庞大的原子聚集后产生的。德谟克利特之所以会产生这个想法，是因为如果组成海水的基本单元原本就具有"蓝"色的话，那么就无法解释海浪产生的白色泡沫了。

德谟克利特的原子论遭到了亚里士多德的批判。亚里士多德不认同德谟克利特提出的"原子在真空中运动"这一观点，他认为"自然界厌恶真空"，世间万物都是没有缝隙的整体。亚里士多德的这一观点如同永恒的帝王一般统治了欧洲很长时间。

从 18 世纪后半叶到 19 世纪初，随着近代科学的发展，德谟克利特的原子论迎来了第二春。物质与物质之间发生的化学反应，充分解释了一切物质是由原子组成的。

进入 20 世纪后，人类认识到原子不是物质的基本单元，原子中

图 1-2 亚里士多德（左，公元前 384—公元前 322）与德谟克利特（右，大约公元前 460—公元前 370）

还有更加细微的结构。原子的中心是"原子核"，围绕在它周围的是"电子"。

20 世纪 20 年代出现的粒子加速器实现了用人工方法来破坏原子核。继而发现，原子核也不是物质的最基本单元，它是由"质子"和"中子"组成的。之后的几十年间，人们坚信质子和中子（也就是点粒子）是物质的基本单元。

然而，故事仍在继续。到了 20 世纪 60 年代，人类发现质子和中子也不是物质的最基本单元，还存在名为"夸克"的更加基础的基本粒子。现阶段的观点认为，在"标准模型"的基本粒子理论中，夸克是物质的最基本单元，也就是点粒子。

就这样，人类对物质基本单元的探求过程如同剥洋葱一般，从原子到原子核和电子，再到质子和中子，最后到夸克。现今的基本粒子论认为，围绕在我们身边的万物都是由基本粒子标准模型中的 17 种点粒子（即基本粒子）组合而成的。顺便介绍一下，这 17 种基本粒子中最后被确立下来的，是 2012 年欧洲核子研究中心（CERN）发现的"希格斯玻色子"。

3. 标准模型之问题一：暗物质与暗能量

虽然完成了基本粒子的标准模型，但是关于自然界基本单元的探究还远远没有结束。现在我们发现，标准模型存在两大问题。

第一个问题是，通过过去十几年精密的宇宙观测发现，我们的宇宙主要是由标准模型无法解释的物质构成的，我们把这些未知的物质称为"暗物质"。宇宙中存在着大量无法观测到的"暗物质"，它们比标准模型物质的五倍还要多。暗物质是由未知的基本粒子构成的，它不属于标准模型 17 种基本粒子中的任何一种。暗物质的存在告诉我们，作为描述自然法则理论的标准模型是不完整的，增加新的基本粒子的必要性摆在了我们面前。

现在世界各地都在进行着关于探求构成暗物质的未知基本粒子的相关实验。发现希格斯玻色子的 CERN 认为，暗物质是可能以人工手段生成并观测的。如果检测出暗物质，也就找到了改进标准模型的方向，人类关于本原法则的探究也会展开新的篇章。

另外，宇宙从大爆炸以来一直在膨胀，然而最近的研究发现，宇

宙的膨胀仅仅用正常物质和暗物质已经无法解释了。根据爱因斯坦的
引力理论（广义相对论），正常物质和暗物质应该是让宇宙膨胀减速
的。然而，2011年诺贝尔物理学奖得主通过观察遥远的超新星，发现
宇宙的膨胀在加快。这说明除了正常物质和暗物质之外，还存在某种
能量在加速宇宙膨胀。这种未知的能量我们称之为"暗能量"，这种能
量也无法在标准模型的框架内解释。

4. 标准模型之问题二：无法解释引力

　　基本粒子的标准模型还有另一个很大的问题。从牛顿之后，物理
学家们站在牛顿的肩膀上，以分析物质之间的作用力来理解各种自然
现象。基本粒子之间也存在作用力，所以标准模型也解释了这种力的
作用方式。但是也存在标准模型无法解释的力。

　　我们知道自然界中共有四种基本力，分别是万有引力（引力）、电
磁相互作用力（电磁力）、强相互作用力（强力）和弱相互作用力（弱
力）。人类很久以前就了解了"引力"和"电磁力"，进入20世纪才发
现自然界中的后两种力——强力和弱力。强力是使夸克互相吸引，给

出质子和中子的作用力。弱力是随原子核辐射产生的力。之所以这么称呼这两种力，是因为强力比电磁力 "强"，弱力比电磁力 "弱"。虽然听上去不像是专门术语，但是它们都是基本粒子间基本的作用力。

标准模型可以解释由电磁力、强力和弱力引起的现象。但是，标准模型却没有涵盖引力，它是我们最容易接触到的力。电子和夸克等具有质量的基本粒子间存在引力，不过标准模型中忽略了这一点。

也许大家会认为忽略引力的理论是没有意义的。其实引力与其余三种力比起来是非常弱的，在基本粒子实验中可以完全忽略引力的影响。比如，解释 CERN 等研究机构的实验结果时，就没有考虑引力。

有一个很简单的例子能够说明引力比电磁力要弱。把一个铁质的曲别针放在桌子上，拿一块磁铁靠近它上方的话，就会一目了然。质量为 6×10^{24} 千克的地球对曲别针产生的引力，却轻易被只有几克的磁铁打破了平衡，曲别针一下子飞了起来，被磁铁紧紧吸住（图 1-3）。这个例子充分说明了与磁力相比，引力是很弱的。

到目前为止，自然界中四种力强弱的排序为：强力 > 电磁力 > 弱力 > 引力。弱力的名字暗示了它比电磁力要弱，但是引力更弱，所以在

图1-3　重量为 6×10^{24} 千克的地球具有的引力，败给了重量
仅为几克的磁铁所产生的磁力

之前进行的基本粒子实验中,忽略引力的标准模型是可以解释这些实验结果的。

然而,当我们将视线抛向宇宙的时候就不能忽略引力了。关于宇宙如何产生以及今后如何变化,引力起着决定性的作用。另外,为了揭开宇宙中暗能量的神秘面纱,破解关于"黑洞"这一诡秘天体的各种谜团,需要一种能将引力与基本粒子二者相结合的理论。物理学中假设自然界的基本法则间是完美契合的,如果不能包含引力,那么应该存在疏漏。因此,从 20 世纪前半叶开始,实现引力与基本粒子结合的理论就已经成为了一大课题。但是,正如后面内容解释的那样,这之中存在着很大的问题。

5. 诠释场力的不可思议的"场"

之所以把引力加入基本粒子的理论中很困难,是因为粒子间作用力特有的传递方式。问题在于传递粒子间作用力的"场"的性质。首先,我们来说说"场"这一概念。

在我们探究物质本原的过程中,磁和电等领域的研究使我们发现,自然界中除了粒子以外，还存在着其他物理实体。以此想法为契机，我们确立了"场力"。

很久以前我们就知道了磁力的存在。磁铁通过靠近或远离附近的金属，可以控制该金属的运动，因此我们知道它们之间存在某种力量发挥着作用。

我们用手推车的时候，手通过直接接触车，将力传递过去。但是，磁铁却可以不与金属接触就能将其吸过来，人们都觉得这一现象不可思议。像这种"不接触也可以传递的力"叫作"场力"。

"场"这一概念是为了解释场力而定义的。例如，传递磁力的场叫作"磁场"，传递电力的场叫作"电场"。

物理学的定义认为，"场"是空间各点的值（力的大小和方向）决定的。这一概念过于抽象很难理解，不过有一个可让其"显形"的实验，这个实验我们在上小学的时候都做过，那就是在磁铁上面放一张纸，然后在纸上撒下铁砂（图 1-4）。这时铁砂形成的图案就是磁铁周围产生的磁力线的形状。它是由纸上各点磁力的大小和方向决定的。这就是"磁场"。

通过磁场和电场等"场"就可以解释场力了。例如，电子与电子之间存在斥力，是因为一个电子改变了另一个电子周围电场的状态。

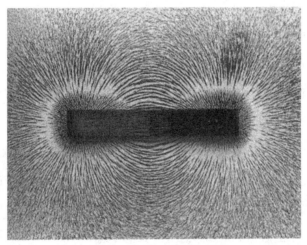

图1-4　在磁铁的周围撒下铁砂后，"磁场"显形

只要有电子，电场就会发生变化。变化后的电场又影响其他电子的运动。

这就是"电场传递电子间作用力"的原理。

19世纪中叶，英国著名物理学家詹姆斯·克拉克·麦克斯韦用一组方程式解释了电和磁的各种现象。从那以后，我们把电场和磁场统称为"电磁场"。

麦克斯韦方程组的一个重要意义是预言了电磁场的波——电磁波。通过电磁场的方程组可以看出，电场和磁场像波一样相互感应。这就是电磁波。另外，通过计算也发现了电磁波的传播速度为光速。也就是说，光是由电场和磁场产生的波，即电磁波。

下面说点题外话。我在美国加州理工学院工作，在校园里经常会遇到那些应当叫作"理科宅男"的学生。他们喜欢穿理科主题的 T 恤，辨识度很高。我见过一名"理科宅男"的 T 恤上印有改自《圣经·旧约》创世纪中著名的一段话：

神说："要有光！"

就有了光。

其中，"要有光"这部分内容被麦克斯韦方程组替换了。引号里的方程式简洁地解释了所有电磁现象，也阐明了光的起源。

6. 点粒子引起的"无穷大"问题

当我们把充满空间的电场和磁场等"场"与万物之源皆是没有大小的"点"这一观点结合起来的时候，问题就出现了。这个问题与将引力理论融入基本粒子理论之际的困难是相通的。下面我将对此进行解释说明。我将以电磁力为例来阐述，其实强力、弱力和引力也存在同样的问题。

电子可以引起电磁场的变化，这种影响会传递给其他的电子，这就是电磁力的作用方式。可是就在这一过程中产生了一个单纯的疑问。那就是，改变电磁场的电子本身是否也受到了电磁场变化的影响？电磁场是"大家"的，并没有区别引起电磁场变化的电子和受电磁场变化影响的电子。那么引起电磁场变化的电子自身当然也受到了影响。

不过，这样的话就要遇到麻烦了。

我们都知道，电磁场中电子之间作用力的大小与距离的平方成反比，这叫作库仑定律。电荷之间的距离越近，作用力就越大。那么，引起电磁场变化的电子自身受到变化后，它对电磁场的影响会怎么样呢？我们把电子看成一个点，而点是没有长度和宽度的，所以电子到其自身的距离为0。根据库仑定律，引起电磁场变化的电子感受到的场强就变成了无穷大。电子感受到的场强为无穷大，会出现什么问题呢？这里要着重提到的是爱因斯坦的著名公式 $E=mc^2$。在这个等式中，能量（E）和质量（m）其实意味着相同的东西。例如，1日元硬币的质量为1克，这个质量根据公式 $E=mc^2$ 可以换算成与大约8万户标准家庭的一个月所消耗电量相当的能量。

如果电磁场变强，能量也会随之变大。当电子感受到的电磁场强变到无穷大时，电磁场的能量也会变成无穷大。根据公式 $E=mc^2$，如果将该能量换算成质量，也是无穷大。加上电子的质量后，电子的质量也变成了无穷大。

不过，上面讲到的情况当然是不存在的。质量是用来表示物体"运动难度"和"停止难度"的值。如果电子的质量无穷大，那么该电子就不可能动起来了，也就不会出现作为现代社会基础的电子技术了。

之所以得出那样愚蠢的结论，是不是因为我们哪里想错了呢？也许你会想问，到底有没有一条定理涵盖了电磁场的能量和电子的质量？不过，在公式 $E=mc^2$ 出现以前，人类就已经认识到了关于电子的质量无穷大的问题了。

英国的物理学家约瑟夫·约翰·汤姆森因发现电子而闻名，在爱因斯坦的公式 $E=mc^2$ 问世以前的二十多年里，他就对像电子那样带有电荷粒子的质量进行过研究。如果认为粒子是带有电荷的小型球体，那么它的周围是存在电场的。另外，球体只要动起来也可以产生磁场。汤姆森根据计算，揭示了电磁场的作用是阻止球体的运动倾向。也就是说，电磁场充当了球体的质量。汤姆森得出了球体的质量会在电磁场的影响下而增加的结论。

图 1-5 约瑟夫·约翰·汤姆森（1856—1940）

另外，如果把球体的半径视为 0，也就是把球体看成"点"的话，粒子受到电磁场的强度就会变成无穷大，那么质量的增加也变成了无穷大（图 1-6），这与使用爱因斯坦的 $E=mc^2$ 计算出的结果相同。

7. 不放弃"点"的想法

如果电子的大小不为 0，那么电磁场给予电子的能量是有限的，加在一起的质量也将是一个有限的数值。如果认为电子是没有大小的点，那么电子的质量就会是无穷大。若是抛开点粒子的想法，认为电子有大小的话，会不会就不存在无穷大的问题了？超弦理论的构想就是源于这里。

但是，我已经在前言中说过，物理学家是相当保守的。在放弃传统观点（自然界的基本单元是没有大小的点）来考虑看似有些奇怪的新想法（基本粒子具有大小）之前，我们一直在摸索更加稳健的矛盾解决方法。于是我们提出了电子本来的质量与电磁场的能量相互抵消的设想。

具体来讲，首先假设除了电磁场的能量带来的质量以外，电子本

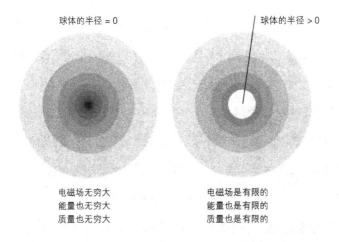

球体的半径 = 0

球体的半径 > 0

电磁场无穷大　　　　　　　　电磁场是有限的
能量也无穷大　　　　　　　　能量也是有限的
质量也无穷大　　　　　　　　质量也是有限的

图 1-6　如果球体的半径为 0，那么电磁场、能量和质量都将变成
　　　　无穷大（左）。如果球体的半径不为 0，且电荷分布于球
　　　　体表面，那么电磁场、能量和质量都是有限的（右）

身具备固有的质量。那么，被观测的电子质量就等于电磁场的能量换算成的质量与电子固有质量的总和。

（被观测的电子质量）=（电磁场的能量）+（电子的固有质量）

当电子逐渐变小接近点的时候，电磁场的能量就会接近无穷大。如果电磁场的能量与越来越小的电子固有质量相互抵消的话，即使电子是点也没有关系。这就是这个设想的关键。

只要电磁场的能量接近无穷大，那么电子的固有质量就必须变成负值。也许你会觉得将固有质量变成负值来消除无穷大的便捷方法有些牵强（图1-7）。但是，这个被称为"重整化"的暂定设想，却为20世纪的基本粒子物理学的发展做出了重大的贡献。

不过，当基本粒子理论的进步达到某一阶段的时候，这个方法就不再适用了，我将在下一章中阐释其中缘由。

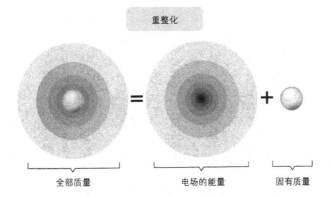

图 1-7　"重整化"的设想：认为电子的全部质量等于电磁场的能
　　　　量与电子固有质量的总和。只要电子的半径变小，电磁场
　　　　的能量就会变大，具有负值的固有质量将被抵消

第二章

微观世界的 "穷途末路"

与 "柳暗花明"

中微子，它如此微小。

既不带电荷，也没有质量，

仿佛永远不会发生作用。

对它而言，地球恍若空洞的球体，

任其穿行。

就像清洁女工走过透风的大厅，

光子穿过透明的玻璃。

忽略最敏锐的气体，

无视最坚固的墙壁，

冷眼对待钢铁和黄铜，

嘲笑马厩里的种马，

蔑视阶级的壁垒，

潜入你和我！

就像高耸且毫无疼痛的断头台一样，

它从我们头顶急速坠落，掉进草丛。

晚上它到达尼泊尔，

穿过一对恋人的床底。

你说这很棒，我称之为鲁莽。

这首诗的名字为《宇宙之烦恼》(*Cosmic Gall*)，出自美国小说家、诗人约翰·厄普代克 (John Updike) 之手，该诗曾于 1960 年在《纽约客》杂志上发表。在这首诗问世的四年前，我们发现了叫作"中微子"的基本粒子。厄普代克选取了关于基本粒子的最新物理学话题，作为其创作诗的题材。

构成我们身体的原子基本上是空的，即使将原子扩大到甲子园球场 ① 的大小，位于其中心的原子核也只有 1 日元硬币那么大。中微子不带电荷，感受不到来自原子核和电子的电磁力，连我们的身体都可以轻松地穿过。

诗中的第二行写道："也没有质量。"然而，根据 1998 年超级神冈探测器 (Super-Kamiokande) 的实验结果发现，中微子是有质量的。

---

① 日本最大的棒球场，位于兵库县西宫市，占地面积约 39600 平方米。

由此可见，不光是厄普代克的诗，就连基本粒子的标准模型也有必要做出变更。另外，诗的第三行提到"完全不相互作用"，实际上有弱力和引力作用于中微子。但是，插入诗句中显得有些庸俗。

1. 解决无穷大的两种可能

在上一章中，已经阐述了关于传统观点下，无大小的电子质量无穷大的问题。以下是解决这一问题的两种观点：

（1）认为电子的大小并不为 0。

（2）认为电子除了作为电磁场能量起源的质量之外，还具备固有的质量，电子的固有质量将抵消无穷大。

电子的大小若为 0，电磁场的能量将达到无穷大，这个问题让人们很自然地想到（1）中的观点，认为电子是具有大小的。但是，这种观点在实际运用中仅用一般的方法是解决不了问题的。例如狭义相对论认为，根据观测者的速度不同，时空会出现伸缩效应。某位观测者观测电子的大小不为 0，而与电子以相对速度运动的另一位观测者能看到电子的大小和形状在发生着变化。由于观察的方法不同会导致结果的各异，因此无法统一电子的大小和形状。

此外，观点（1）中的"具有大小的基本粒子"也存在各种各样的问题。

认为电子的固有质量抵消无穷大的观点（2），虽然看似有些牵强，但是不失为一种实用的想法。在构筑基本粒子的标准模型之际，这种观点也发挥了重要的作用。为了解释其中的理由，我将先简单地介绍一下什么是"量子力学"。

2. 光既是"波"又是"粒子"

量子力学理论的契机，源于对"光是'波'还是'粒子'"问题的探讨。

我们在日常生活中能够感受到，光既具有"波"的性质，又具有"粒子"的性质。

首先，让我们来看看证明光是波的实例。请拿出和本书厚度差不多的两本书，左右手中各放一本，将这两本书的书脊相对。然后在两本书的书脊间留出一条细缝，请将这条缝隙移到光源前面，并通过缝隙观察光亮处。或许使用带腰封的书更容易留出细小缝隙。你可以从缝隙中看到几条纵向的条纹吧？（图 2-1）这就是干涉条纹，是"波"的性质之一。光的"波"通过书脊缝隙的时候能够互相重叠，形成条纹。正因为光是"波"，才会发生这样的现象。

另外，正如上一章讲的那样，光是电磁波。也就是说，光是在电场和磁场的引导下传播的波。这一点也告诉我们光是"波"。

图 2-1　将与本书厚度差不多的两本书的书脊相对，留出
　　　　一道细缝，然后观察光亮处，就可以在缝隙中看
　　　　到干涉条纹。这就是光是"波"的证据

　　另外，我们也能在日常生活中找到光是粒子的证据。2011 年日本
东北地区太平洋近海地震引发核电站事故后，我听说越来越多的人购
买了个人伽马射线检测仪。伽马射线在某种意义上算是具有波长的电
磁波，所以可以说它是光的一种。伽马射线检测仪可以探测到它，只
要把检测仪放置到存在放射性物质的地方，伽马射线检测仪就会发出
"咔嚓、咔嚓、咔嚓"的声音。这是伽马射线的粒子一个一个地进入检
测仪时发出的声音。也就是说，检测仪在一粒、两粒地数着粒子的数
量。如果光不是粒子，只具备波的性质，那么只会发出"咝——"这
种或强或弱的连续声音。

　　光的粒子叫作"光子"。光既是电磁波，又是光子粒子群。

　　通常我们认为，波的性质和粒子的性质是完全不同的，二者不可
同时出现。但是，干涉条纹告诉我们，光是波；伽马射线检测仪告诉我
们，光是粒子。这两种现象我们在日常生活中都可以体验到，所以不
能否定光同时具备这两种性质。像光子这样，一种物质同时具有波和
粒子两种性质，叫作"波粒二象性"。

　　随着微观世界的研究发展，我们发现拥有这种"二象性"的物质
不仅限于光。所有粒子都和光子一样，同时具有波的性质。

　　例如，电子也具有波的性质。图 2-2 是日本日立制作所的外村彰

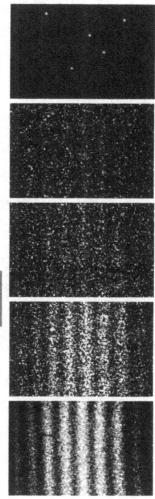

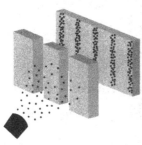

图 2-2　日本日立制作所的外村彰团队的实验。一个一个电子汇集之后，出现了类似于波的干涉条纹。根据英国科学杂志《物理世界》(*Physics World*) 的读者投票，该实验当选为"科学史上最美的实验"

团队的实验照片。虽然这些照片是使用电子线拍摄的，但是我们可以看到一个一个的电子汇集，出现了类似于波的干涉条纹。从而我们可以认为，每粒电子就是引起"电子场"的波的最小单元。电子既是波又是粒子，具有波粒二象性。

最初，量子力学就是为了解释粒子的波粒二象性，消除二者矛盾而建立的理论。但是，因为波粒二象性的想法与我们的直观相悖，所以无论如何解释，还是有人无法接受这一观点。我们的语言是在人类进化的过程中产生的，因此只能解释宏观世界中的事物。然而，在像原子这样的微观世界里，难以用语言表达的现象层出不穷。

例如，从微观的层面上看，原子核与其周围环绕的电子间存在着巨大的缝隙。在本章开头引用厄普代克的诗中，中微子之所以能够"晚上达到尼泊尔，穿过一对恋人的床底"，也是因为这个理由。但是，"组成我们的物质充满了缝隙"这种说法也许是与直观相悖的。亚里士多德认为"自然界厌恶真空"，并批判了德谟克利特的原子论，"物质的基本单元间存在巨大的缝隙"的观点恐怕不会得到他的认同。

我们很难在直观上相信微观世界的量子力学。但是反过来讲，通过理论和实验确实能够证实存在与我们直观相悖的事实，这正是我们人类了不起的地方。

3. "反粒子"也会引起无穷大

刚才已经说过，光既是波又是粒子，那么下面让我们用光子来解释电磁场的作用，并试着从这个角度思考"无穷大的问题"。

首先让我们想一想电磁场的变化对两个电子间电磁力的作用。

在量子力学中，电子改变电磁场时，可以观测到"电子释放出光子"的现象。另外，在电磁场中电子的运动受到影响时，可以观测到"电子吸收光子，并改变运动方式"的现象。也就是说，电磁场变化引起的电磁力可以理解为，某个电子释放出光子后，另一个电子将这个光子吸收的过程。

将电子和光子等看作粒子，表示它们运动和反应的图形叫作"费曼图"（图2-3）。在费曼图中，纵轴表示时间，横轴表示位置。图2-3的右图表示某个电子释放光子后，其他的电子吸收了这个光子。我曾在上一章中讲到，电子受到其自身产生的电磁场影响后，会出现质量变成无穷大的问题。如果将这一现象用费曼图表示的话，就如同图2-3的左图，电子吸收了自身释放出去的光子，从而电子的质量将变成无穷大。

　　然而，在粒子的世界里，除此之外还存在着很多各种类型的"无穷大"问题。这其中的原因就是"反粒子"的存在。

　　所有基本粒子都有一个与其质量完全相同而仅电荷的正负相反的粒子，我们称之为"反粒子"。例如，电子的反粒子叫作"正电子"，夸克的反粒子是"反夸克"。光子这类不带电荷的粒子，它们的反粒子即为其自身。

　　只要存在反粒子，就可以推出以下过程。

　　因为电子与正电子所带的电荷刚好正负相反，所以它们成对出现的时候是呈中性的。量子力学认为，只要不违反电荷的守恒定律什么都可以发生，因此一个中性的光子也可能会变成呈中性的电子和正电子对。飞行中的光子变成电子和正电子对后，之后又会变回光子，这种变化过程是可能存在的（图2-4）。

　　正如前面的叙述，电子和电子间的电磁力可以理解为"光子的交换"。一个电子释放的光子被其他电子吸收后，两个电子间就会产生与距离的二次方成反比的库仑力。不过，电子释放的光子中途变成了电子和正电子对，又变回光子，之后才被其他电子吸收，因为光子的传递方式发生了改变，所以这种变化影响了电子间的库仑力。通过费曼

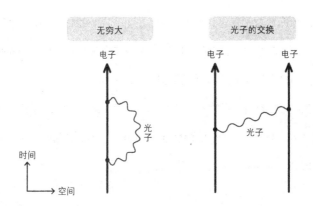

图 2-3 费曼图

右：某个电子释放的光子被其他电子吸收后，电子间产生库仑力

左：电子吸收了自身释放的光子后，电子的质量变成了"无穷大"

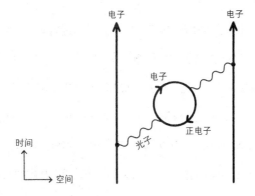

图 2-4 光子变成电子和正电子对，又变回光子，在这种变化影响
下的电子间库仑力将出现"无穷大"问题

图来表示库仑力的变化并具体计算后发现，结果之中又出现了"无穷大"问题。这个"无穷大"问题是由光子变成电子和正电子对的时间点与变回光子的时间点接近而引起的。

在电子吸收自身释放的光子的过程中（图2-3，左），电子的质量变成了无穷大，而在光子中途变成电子和正电子对的过程中（图2-4），电子和电子间的作用力变成了无穷大。

4. "重整化"的作用超出了我们的预想

上一章中提到的"重整化"方法，可以通过调整电子的固有质量来解决电子质量变成无穷大的问题，电子与电子间作用力的"无穷大"问题也可以使用"重整化"方法，通过调整电子的电荷来抵消无穷大。

"重整化"是根据理查德·费曼（Richard Feynman）、朱利安·施温格（Julian Schwinger）和朝永振一郎[1]这三人各自独立研发的方法，进行电子质量和电子间作用力无穷大的相关计算，从中抽取有意义结果的一套方法。"重整化"一词是由朝永命名的，它的意思是将"无穷

_____
[1]　日本物理学家，1965年与费曼、施温格共同获得诺贝尔物理学奖。

大"问题"重整"至电子的固有质量和电荷之中。

但是，用这套方法去抵消无穷大的能量时，必须做出将电子的固有质量和电荷变为负值等不自然的调整。因此"重整化"当初只被认为是临时解决方案，并不能从根本上解决"无穷大"问题。英语中有句话，字面意思是"把垃圾扫到地毯下遮人耳目"（sweep under the rug），"重整化"也是暂且将"无穷大"问题藏到地毯下面，还需要找到更加本质的方法来解决这个问题。

然而，"重整化"发挥出的精准作用远远超出了当初的预想。例如美国康奈尔大学的木下东一郎等研究者使用"重整化"的方法计算出了电子的"磁矩"这一物理量，计算结果以一兆分之一以下的精度与实验结果一致。这种理论值与实验值如此高度一致的例子，在物理学领域史无前例。木下等研究者的成功，充分证明了被称为"把垃圾藏到地毯下面"的"重整化"方法绝不是掩耳盗铃之举。

"重整化"为什么能够做到那么精确的计算呢？这与自然界的法则中存在"结构层次"有着密切的关系。

如果自然界是个巨大的"洋葱"，物理学研究就是将其层层剥开，使其中运转的法则浮出水面。当初认为原子是"洋葱的芯"（基本粒子），经过更加深入的调研发现，它只不过是其中的一层"皮"而已。

里面还有原子核和电子→质子和中子→夸克……剥开一层又一层的皮后，不断发现了新的结构。

洋葱的各层的法则，可以解释该层级相应现象。如果只想知晓"洋葱"的大概性质，只要能透彻地理解这些法则，就没有必要进一步剥皮研究"洋葱"里层了。例如，即使不知道原子核是由质子和中子组成的，也可以在某种程度上计算出原子的性质。原子核的直径只不过是电子轨道半径的一万到十万分之一。于是在我们理解原子内部的电子运动时，将原子核视为没有深层内部结构的"点"也没有关系。

随着实验技术的发展，剥开原子核的"皮"变成了可能，人类从而得到了更加深入的法则。在发现原子核是由质子和中子组成之后，研究的焦点转向了使质子与中子结合成原子核的"核力"。关于这一问题，汤川秀树[①]的介子理论做出了解释。

其实质子、中子和介子都是一样的。当进一步剥开这些粒子的"皮"后，会发现夸克遵循更加高深的法则在粒子内部运动着。

自然界也是如此，存在从宏观世界到微观世界的结构层次，微观世界的法则是更加基础的。微观世界的法则引导着宏观世界的法则。

① 日本物理学家，1949 年诺贝尔物理学奖得主，是第一位获诺贝尔奖的日本人。

这种观点被称作"要素还原主义"。也可以说，宏观世界的法则是与微观世界法则近似的。

5. "重整化"让"无知的分类"变为可能

"重整化"能够收获一定程度的成功，也是因为这种结构层次。所谓"重整化"，就是将某一层次上产生的"无穷大"问题"推迟"到更加微观的层次上。

让我们重新思考一下电荷本身产生电磁场的问题。这次我们要思考的不是电子，而是质子。

如果我们不知道夸克的存在，把质子视为没有大小的点，那么我们就会得出下面的结论：质子产生的电磁场作用于质子本身后，它的能量将变为无穷大。

不过，其实质子不是点，而是由三个夸克组成的，它的电荷分布在大约一千万亿分之一米（即 10^{-15} 米）的半径上。因此，作用于质子的电磁场是有限的。当我们发现质子下面存在夸克这一微观的层次时，"质子产生的电磁场"就不再有无穷大的问题了。

当然，"无穷大"问题并没有消失，只不过是质子推给了夸克。如果夸克的大小为 0 的话，那么电磁场就会为无穷大，这一问题还是得不到根本性解决。

但是，如果夸克自身不是"洋葱芯"，剥开这层皮后还能看到更加微观的世界，那么就可以将问题"推迟"到下一层次。只要眼前的某个世界不是"洋葱芯"，该世界的法则不是"终极原理"，那么"无穷大"问题就会推迟下去。

面对如此将问题推迟下去的局面，"重整化"在严格区分我们的"已知世界"和"未知世界"上，体现出了它的价值。这也可以说是一种"无知的分类"吧。最初提出"重整化"的时候，它被认为是拖延处理坏账式的临时应对措施，其实它是反映自然界结构层次的方法。

6. 引力为"重整化"关上了一道门

那么，"重整化"引起的问题能推迟到什么程度呢？

为了能够更加深入研究统领自然界万物的"终极法则"，首先必须通过一道难关，那就是引力。只要将引力考虑进去，"无穷大"问题的推迟就行不通了。

　　"无穷大"问题之所以能够推迟，是因为我们假定了存在更加微观的世界。另外，我们之所以能够得知比原子核更小的是质子、比质子更小的是夸克，是因为我们可以精确地在空间中测算它们的大小。然而，问题一而再再而三地推迟，已经推迟到包含引力和量子力学两方面理论的层面，这时候再思考更加微观层次的理论就失去了意义。

　　量子力学是基本粒子世界的基础，它的一个原理叫作"不确定性原理"，在此原理之下，很多量的值是不确定的。在牛顿的力学里，粒子的状态是由其位置和速度来决定的，但是到了描述微观世界的量子力学中，粒子的位置和速度是不可同时被确定的。也就是说，只要指定了粒子的位置，那么其速度就无法确定；只要确定了速度，那么就不知道粒子的位置。量子力学称之为位置和速度数值的"涨落"。

　　例如将量子力学应用于电磁相互作用的电磁场时，电磁场的数值就会涨落不定。另外，量子力学中认为电磁场是由光子聚集而成，而光子如前文所述，可以转变成电子和正电子。在将量子力学应用于电磁场时，除了电磁场的数值会涨落不定外，光子也会转变成为电子和正电子。

　　那么，将量子力学应用于引力会怎么样呢？

根据爱因斯坦的广义相对论，在引力的作用下，空间和时间出现了伸缩的现象。其实，环绕地球运行的人造卫星受到地球的引力很小，所以对它们而言，时间过得很快。智能手机和汽车导航使用的 GPS 定位数据是来自人造卫星，如果不把引力造成的时间超前或滞后计算进去的话，就无法精确地定位。

图 2-5　阿尔伯特·爱因斯坦
（1879—1955）

另外，广义相对论认为时空伸缩是像波一样传递的，并预言了"引力波"。我所在的加州理工学院与麻省理工学院合作研制了一个叫作"LIGO"（激光干涉引力波观测站）的观测装置，用于直接探测引力波。日本在神冈矿山上的"KAGRA"建造计划也正在进行中。简单来讲，这类装置的工作原理就是向长约三四千米的真空镜筒内发射激光，通过不断地精确测定其长度，来观测在引力波的作用下真空镜筒长度的变化的情况。

在广义相对论里，就是这样用时空的伸缩来解释引力效果的。如果说传递电磁力的介质是电磁场，那么传递引力的介质就是空间和时间。

可是，将量子力学应用于引力的时候，时间的流逝和空间的距离就有"涨落"。根据我们在宏观世界内的日常体验，所谓空间就是发生物理现象的一个容器，时间则是一种一成不变的单向流逝。然而在微观世界里，随着不断剥开"洋葱"的皮，我们来到了必须统一引力和量子力学的层级，在这里量子力学认为就连空间和时间也是涨落不定的（图2-6）。

自然界内存在固有的结构层次，当我们说更加微观世界的理论是更加基础的理论时，是以精确测量空间层面上的距离为前提的。如果不能测得距离，那么我们连这个更加微观的世界意味着什么都无法搞清楚。因此，当来到空间层面距离涨落不定的世界里时，结构层次也要被迫发生变化。

其实，如果强行将量子力学的计算方法应用于广义相对论的话，就会出现"重整化"方法无法处理的无穷大。因为"重整化"假设了自然界的结构层次，所以当结构层次发生变化时，"重整化"就理所当然地不再适用了。

而且我们要接受的不仅仅是结构层次的变化。在走入到引力和量子力学被统一的世界层级后，我们认为这一层就是微观世界的终点。下面我将对这个问题进行解释说明。

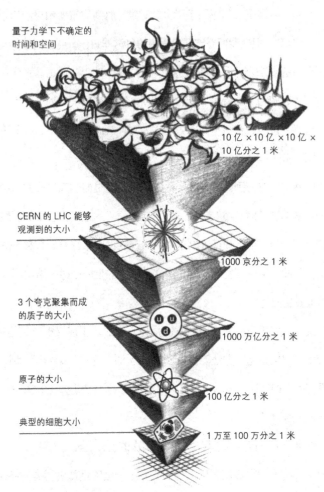

图 2-6 时间和空间涨落不定的世界

7. 黑洞是结构层次的终点

提到观察微观世界的工具，我们通常都会想起显微镜吧？但是，小学理科教室里摆放的光学显微镜的分辨率并不高，一百万分之一米已经是极限了。这个数值就如同我们人类细胞中线粒体的大小。所以使用普通的光学显微镜是无法看清楚这个制造能量结构——线粒体的内部构造的。观察中使用的"波"的波长越短，分辨率就越高，所以只用可见光来观察，分辨率就会有极限。

后来人类发明了电子显微镜。与光学显微镜相比，这种显微镜用波长更短的"电子束"代替了可见光。就像光同时具备波和粒子的两种性质一样，在量子力学里所有的基本粒子都兼有波的性质，因此电子也可以作为波来使用。电子显微镜的分辨率为一百亿亿分之一米，大概与氦原子的直径相当。因而使用电子显微镜观察氦原子的时候只能看到点。

粒子的能量越大，其波长就会越短。所以为了探究原子中更加微观的世界，需要能量更大的短波，于是粒子加速器应运而生。

2012 年，CERN 的 LHC（大型强子对撞机）将质子加速到了光速的 99.999999%，从而使分辨率达到了一千京分之一米[1]。与光学显微镜相比，它能够看到再小十万亿倍的东西。可以说，LHC 是利用高能量的 "世界上精度最高的显微镜"。

那么，如果将加速器的能量不断升高，不管多么微观的世界都能被观察到吧？果真如此的话，我们对于微观世界的探究将没有尽头，剥洋葱皮的工作将无限持续下去。不过，当考虑到引力的影响时，就能知道界限是存在的。

让我们回想一下爱因斯坦的 $E=mc^2$ 吧。这个等式表示，能量（E）和质量（m）是一样的，质量可以转换成能量。反过来只要有能量也可以变为质量。因此，只要粒子受到高能量的撞击，就会产生质量大的东西，也就是产生 "重物"。连续不断地提高加速器的能量，就会接二连三地产生引力。那么，当引力变得极度强大的时候，就会产生黑洞。

黑洞是爱因斯坦的广义相对论中引力方程式的一个解，因为引力的强度达到了极限，所以连光都会被吸进去。例如我们的地球保持质量不变，对其进行不断压缩的话，引力就会不断增强。当将地球压缩至半径为 9 毫米的时候，要想摆脱地球引力的束缚而脱离地球表面的

---

[1] 1 京 $=10^{16}$。

话，逃逸速度必须达到光速。如果继续压缩的话，就连光也无法逃脱。那时地球也变成了一个黑洞。

逃逸速度达到光速后，我们把黑洞的边界叫作"视界"。因为在此边界以内光无法逃离，所以若进入了"视界"以内的领域，任何人都回不来了。因此，我们虽然研制了高能量的加速器来探索微观世界，但是只要一产生黑洞，发生撞击的四周会被黑洞的"视界"覆盖，我们就无法观测发生了什么。另外，"视界"会随着黑洞质量的增加而变大。我们越是提高能量，无法观测的领域就会越广阔。

当粒子的能量提高到 LHC 的 1 京倍的时候，我们估算出了黑洞的存在将阻碍加速器的实验。这时的分辨率为 10 亿 × 10 亿 × 10 亿 × 10 亿分之一米，加速器观测实验中，这是观测的极限解析度。

虽然我们这里谈到的是关于利用加速器开展的探索，但是除此之外的其他方法也得出了这个长度是分辨率极限的结论。无论使用什么原理来提高分辨率，都无法再观察到更加细小的东西。这个长度叫作"普朗克长度"，是以量子力学的开山鼻祖普朗克的名字命名的。

普朗克长度的出现，使将"无穷大"问题推迟到更加微观世界的"重整化"方法走到了尽头。在这个层面，已经不可再推迟下去。从此以后，我们不得不思考更加根本的方法来解决"无穷大"问题。

小专栏　思想实验

我们在本章中讲到，如果用 LHC 的 1 京倍的加速器进行试验，就会生成黑洞，当然这只是我们想象出来的。如果用现有的技术建造一个 LHC 那样的圆形加速器，那么其直径将与银河系的厚度差不多 [①]。

像这样在头脑中设定实验，再从理论上进行思考与推理的方法，我们称之为 "思想实验"。它是物理学研究过程中的常用方法。

18 世纪末，英国的约翰·米歇尔（John Michell）和法国的皮埃尔·西蒙·拉普拉斯（Pierre-Simon Laplace）致力于对逃逸速度与天体质量的平方根成正比的研究。研究中假定如果存在质量非常大的天体，那么即便是光速也无法逃脱。如果光都无法逃出，那么这个天体应该是黑暗的，看不到的。这就是思想实验。米歇尔和拉普拉斯的思想实验产物——"黑洞"现在已经被发现存在于宇宙之中。例如，我们已经知道银河系的中心也存在着巨大的黑洞，其质量相当于太阳的四百万倍。

在确立量子力学理论的初期，为了理解这个不可思议的世界，物理学家们进行了各种各样的思想实验。著名的海森堡不确定性原理也是通过思想实验提出的，我们现在可以使用纳米技术来验证该原理。

[①] 银河系的中心厚度约为 12000 光年。

　　说到量子力学的思想实验，就不得不提著名的"薛定谔猫"，箱子中的猫是死还是活在量子力学层面上变得不确定。之后通过低温试验和激光等，用数个原子和光子取代猫而完成了实质相同的实验。2012 年诺贝尔物理学奖颁给了法国的沙吉·哈罗彻（Serge Haroche）和美国的大卫·温兰德（David J. Wineland），他们为这种量子力学的实验技术的进步做出了巨大的贡献。

　　如上所述，不少理论在提出的时候只是纯粹的思想实验，技术的进步使在实际观测和实验中确认变成可能，像这样的事情经常发生。

　　通过思想实验将物理的理论应用于极端的状况，能够更加深刻地理解理论的内容。此外，思想实验也是证明理论缺陷或深化理论的一个有效方式。因为在极限状况下，理论也会引起矛盾或导致失败。

　　无论你是在街上散步，还是正在用餐，在任何时候任何地方都可以进行思想实验。如果有个物理学家在思考问题的时候偶尔笑起来，请你不要不高兴，请用理解与温和的目光看待他吧，因为他正在进行着思想实验。

第三章

从"弦理论"到"超弦理论"

　　卢克莱修的原子论必须认为，原子本身具有物质的性质……

　　为了说明互相纠缠编织在一起的"涡线原子"，我向皇家学会提议用图和铁丝制作展示模型。因为这样的"涡线原子"有无数种，所以足以用来解释目前的元素多样性和同素异形体的关系。

　　威廉·汤姆森（William Thomson）是 19 世纪英国的著名物理学家。他为热力学等领域做出了卓越的贡献，被授予"开尔文男爵"而闻名于世。我这里翻译的是 1867 年他在爱丁堡皇家学会纪要中发表的论文中的一部分。

　　威廉·汤姆森对德谟克利特的原子论颇有微词。因为以原子论解释物质的性质，必须先准备各种种类的原子。实际上，当时已经发现 60 种原子了。

　　威廉·汤姆森认为，原子不是点粒子，而是一维的、具有宽度的

"带状物"以各种各样的形式编织在一起。不同的编织的方式可以让一种带状物解释很多种原子。

当我们从嘴里吐出香烟的烟气时，如果吐得恰到好处，烟气就可以形成一个烟圈。因为在我们吐气的时候，空气中会形成一个旋涡，这个旋涡呈现出圆圈的形状。当旋涡变成圆圈，烟气被吸入填充之后就形成了白色的烟圈。这种与旋涡相连，如同线一样延绵不断的现象叫作"涡线"。涡线具有一旦形成就很难破坏的特征。开尔文认为，像涡线这样的东西才是原子的真面目，并将其命名为"涡线原子"。

威廉·汤姆森的观点也可以说是超弦理论的先驱理论。只是超弦理论研究的不是威廉·汤姆森提出的编织在一起的带状物，而是具有弹力的弦的振动状态。弦以不同振动方式，来表现各种各样的基本粒子。

1. 以根本解决方案为目标的弦理论

在日本的物理学界，很早的时候就有研究者思考过"具有大小的基本粒子"问题，他就是汤川秀树，是第一位获得诺贝尔奖的日本人。

当汤川大学毕业，迈向研究者的第一步时，就已经锁定了两个研究课题。其中一个是使质子和中子结合在一起的 "核力"。另外一个是将量子力学应用于电磁场等 "场" 的 "场的量子理论"。

几年之后，他的介子理论就成功解释了 "核力" 的起源。但是，汤川在第二个研究课题——场的量子理论中，遇到了 "无穷大" 的问题。汤川认为基本粒子是具备大小的，他专心致力于这个问题的研究，不过也由于当时数学算法和关于对 "场" 的理论理解还未成熟，这个课题一直未得到解决。

而朝永振一郎用 "重整化" 这个实用的暂定方法解决了此问题。汤川和朝永对同一问题的探究方法是完全不同的。

朝永选择的是基于现实的实用解决方案，而汤川是一名超脱时代前沿追求梦想的科学家。汤川晚年转向思索哲学，例如在他编著的教科书里引用了中国盛唐时期的诗人李白的 "夫天地者万物之逆旅，光阴者百代之过客" [①]。

逆旅就是旅舍的意思。万物就如同住在旅舍中不同房间里的旅客。他们从某个地方来到这住宿，然后再离开前往别处。但是，如果天地就是个大旅舍的话，那么旅客就无法到外面去了吧。只会继续居住在

————————
① 出自《春夜宴从弟桃花园序》。

相同的房间或者移动到其他的房间。或者旅客待临终之际，才会从天地间消失吧。如果将天地换成三维的空间，把万物换成基本粒子来讲的话，那么将由基本粒子来占据整个空间。让我们把其中的最小领域命名为"基本领域"。(《岩波讲座　现代物理学的基础　10种基本粒子论》，岩波书店)

　　我在大学读到那里的时候，曾仰天长叹："这说的是什么啊?"不过，现在想一想，"基本领域"这一想法或许预见了在统一引力和量子力学之际将出现结构层次的终点，以及"普朗克长度"。

　　汤川和朝永一同从旧制第三高等学校毕业，考进了京都大学。这两位风格截然不同的同学经常一起切磋学术研究，他们最终成为了日本获得诺贝尔奖的第一人和第二人。

　　场的量子理论中的"无穷大"问题，通过"重整化"的"推迟"得到了暂时的解决。但是，它的前提是自然界的结构层次，如果将引力考虑进去就无法再继续下去了。于是，作为根本性解决方案的"弦理论"登场了。

　　弦理论是由美国芝加哥大学的南部阳一郎[1]和日本大学的后藤铁

―――――――――――

[1]　美籍日裔物理学家，2008年获诺贝尔物理学奖。

图3-1　汤川秀树（左，1907—1981）与朝永振一郎
　　　　（右，1906—1979）

图3-2　南部阳一郎（1921—　）

男[①]提出的。他们认为基本粒子不是"点"，而是具有一维空间延展振动的"弦"，由此能够清晰地解释当时基本粒子性质的问题。美国斯坦福大学的伦纳德·萨斯坎德（Leonard Susskind）和丹麦的尼尔斯·玻尔研究所的霍尔格·尼尔森（Holger Nielsen）也发表了同样的观点。不过，南部和后藤的方案更加明快，随后涉及弦理论的研究都沿用他们的方法。这两位日本物理学家能够研究出这种理论，我认为是汤川早年"基本粒子具备大小"的划时代想法，为日本培育了良好的理论萌芽沃土。

2. 17 种基本粒子都是由一种"弦"组成的

用一种弦来解释所有的基本粒子，是弦理论的一大优点。南部和后藤探索弦理论的理由也在于此。

之前的基本粒子理论认为，电子、光子等都是不同种类的粒子。基本粒子的标准模型里一共有 17 种基本粒子。这些原本没有被命名的、没有大小的点状粒子，竟被分成了 17 个种类，真是令人不可思议。

---

① 日本物理学家，"弦理论"的提出者之一。

　　然而，弦理论认为所有的基本粒子都是由一种弦组成的。正如小提琴琴弦不同的振动方式可以奏出不同音高一般，基本粒子也是通过"弦"的不同振动状态变成电子或光子的（图 3-3）。科学领域中有一种观点叫作"经济性思考"，这个理论强调好的理论是用尽量少的概念解释最多东西。用一种弦来解释所有基本粒子的弦理论可以说够经济吧？这与威廉·汤姆森在 19 世纪提出"涡线原子"的想法是一致的。

　　我们这里所说的弦非常渺小，只具有一维空间尺度。连分辨率超高的 LHC 都无法看到它。因此弦理论与认为基本粒子为"点"粒子的标准模型并不矛盾。

　　若自然界中的万物都是由弦组成的，或许会有人问："那么，弦是由什么组成的呢？"如果我们假设弦是由点组成的，那么点粒子就变成了基本单位，因而"无穷大"的难题将会再次登场。因此，弦理论认为弦已经不可再分割了。

　　但是，对弦理论深入研究后会发现，其实弦以及弦振动的空间也都是由其他更具本原的物质组成的。这方面的内容我放到了第九章，我们先按照弦是万物的基本单元的想法继续讲述。

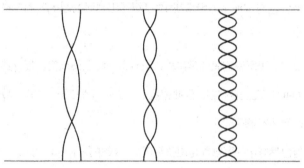

图 3-3　弦理论认为，弦的不同振动状态对应着不同种类的粒子

3. "开弦"是意大利干面条，"闭弦"是通心粉

弦虽然只有一种，但是它有两种状态。分别是有两个端点的"开弦"和两个端点连在一起呈圈状的"闭弦"。请参照图3-4。

开弦在时空中的运动轨迹是一个扁平而细长的面（图3-4，中），就像意大利干面条一样。闭弦在时空中的运动轨迹是筒状的，如同通心粉（图3-4，下）。将意大利干面条和通心粉横向切开后，可以看到开弦和闭弦的运动轨迹如同连拍照片一样。

那么，为什么只要认为基本粒子是这样的弦，就可以解决"无穷大"的问题了呢？接下来，我们参照着费曼图（图3-5）来解释这个问题。

如果认为物质的基本单元是点粒子，表示电子释放、吸收光子的费曼图就如图3-5的右侧。相反，图3-5左侧的费曼图反映了弦理论下从"相当于电子的弦"的振动状态中释放出"相当于光子的弦"的振动状态。如果将这个图横向切断，我们就可以看到一条弦分裂成两条弦，或者两条弦合成为一条弦，其轨迹如同连拍照片一样。

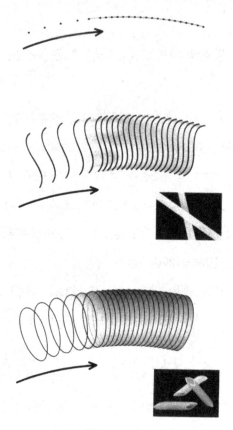

图 3-4　开弦和闭弦

上：点粒子的运动轨迹为曲线

中："开弦"的运动轨迹如同意大利干面条

下："闭弦"的运动轨迹如同通心粉

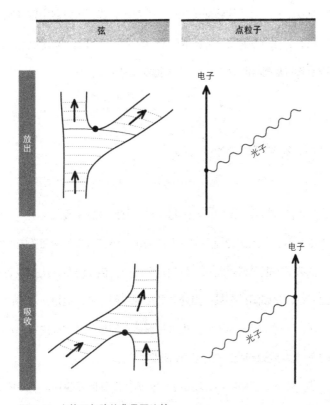

图 3-5　点粒子与弦的费曼图比较

右边：点粒子的电子释放、吸收光子的费曼图

左边：与右图相对应，弦理论下电子释放和吸收光子的费曼图

（虚线是弦的轨迹。实线是 1 条弦变成 2 条或 2 条弦变成 1 条的地方）

通过比较点粒子的费曼图与弦的费曼图，我们可以看到后者比前者要宽。这是因为弦赋予了基本粒子一维度量，所以费曼图也会变宽，而费曼图的变宽与消除"无穷大"问题存在着联系。

4. 为什么弦可以消除无穷大

在点粒子的费曼图中，电子是在某时空点释放和吸收光子的。如图 3-6 所示，在弦的费曼图中，无法确定一条弦分裂为两条弦的时空点。虽然图中把分成两股的"意大利干面条"横向切断，从其移动轨迹上来看，弦如同是在某一点处分裂成为了两条弦，但是换作其他切法的话，该时空点就会不同。也就是说，即使是形状相同的弦，其分裂时空点也会随着观察方式的不同而发生变化。

在点粒子的费曼图中，质量的"无穷大"问题发生在电子释放光子的点与吸收光子的点接近之时。然而，在弦的费曼图中，由于观察方式不同，弦的变化点也随之发生变化，弦释放（分裂）和吸收（合成）的点无法确定（图 3-7）。因此，也不会出现在"同一个点"释放和吸收光子的现象。此外，弦系统下，光子变成电子和正电子对的点

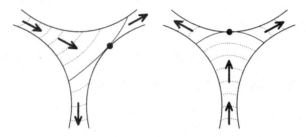

图 3-6　只要改变切法，即使相同的两股 "意大利干面条"，弦
　　　　的变化点也会不同

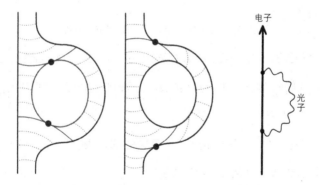

图 3-7　点粒子的费曼图（右）出现了 "无穷大" 问题。在弦的
　　　　费曼图（左和中）中，由于无法确定弦的分裂点和结合
　　　　点，所以不会出现 "无穷大" 问题

以及变回光子的点也无法确定，所以也不会出现电子间的作用力变成"无穷大"的问题（图 2-4）。

因此，"无穷大"问题的原因本来就是不存在的。在认为基本粒子具有大小的阶段，弦理论解决了"无穷大"问题。

5. 光子是"开弦"的振动

那么，弦振动是通过怎样的方式产生基本粒子的呢？

弦理论认为，传递电磁力的光子是由"开弦"振动形成的，如图 3-8 的上图。图 3-8 中图和下图表现了此时弦的轨迹，形似意大利干面条的"开弦"呈现波状起伏。

这种振动特征是横向振动，也就是说只有"横波"。所谓横波，就是指振动方向与传播方向垂直的波。

与之相对，沿传播方向振动的波即为"纵波"，如图 3-9 的上图。纵波不会改变"开弦"的意大利干面条的形态，所以无法从外部区分其振动与不振动的状态，如图 3-9 的下图。也就是说，可以认为弦的纵波轨迹与不振动是一样的。

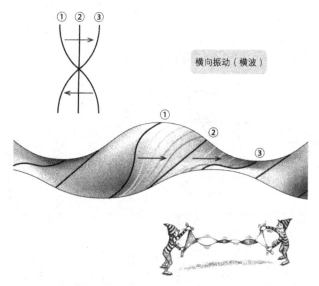

横向振动（横波）

图 3-8　弦理论认为，光子是 "开弦" 的横向振动（横波）

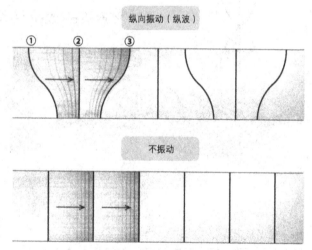

图3-9　上：在传播方向上纵向振动的弦（纵波）
　　　　下：无法区别纵向振动和不振动状态

　　"开弦"的振动性质与光子的性质非常吻合。而光子是电磁波的最小单元，所以电磁波的性质也反映在光子对应的弦的振动状态上。那么，反映出的电磁波性质是什么呢？那就是电磁波"只有横波"。

　　日常生活中，大多数人了解到纵波和横波的概念多是源于地震的相关信息。地震波包含横纵两种波，纵波比横波的传播速度快。因此通过测算两种波到达的时间差，就可以推断出与震源的距离。

　　但是也存在单一的纵波或横波。例如在空气中传播的声波就只有纵波。地震波的传播介质是固体，所以它能够横向振动，可是在空气中横向摇摆的波无法回归，只能自然流逝。因此，声波在空气中伸缩前进时只形成纵波。

　　与之相反的是，电磁波只有横波。将电子放置于电场中，沿着电场加速，此时将小磁针放入磁场后，小磁针会指示磁场的方向，电场和磁场是有方向的。电场和磁场的强度变化也会引起电磁波的变化。另外，在电磁波传播的时候，电场和磁场的方向都与电磁波的传播方向垂直，如图3-10。这与图3-8和图3-9所描述的"开弦"的振动性质非常吻合。

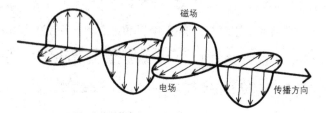

图 3-10　与电场和磁场垂直传播的电磁波只有横波

图 3-11　米谷民明（1947—　）

6."闭弦"传递引力

"开弦"的振动中包含了传递电磁力的光子。下面再来看一下"闭弦"能够展现什么粒子。如图 3-5 所示,"开弦"可以由 1 条弦分裂成 2 条,也可以由 2 条弦结合成 1 条,"闭弦"也具备同样的性质。当我们着眼于 1 条"闭弦"时,能够观察到这条弦释放或吸收其他的弦。

1974 年,米谷民明还是北海道大学的研究生,他当时研究的课题是某条弦释放出"闭弦",其他弦将该"闭弦"吸收后的现象。虽然"闭弦"有很多种振动状态,但是米谷研究的是其中最简单的振动(图 3-12)。这种振动状态的"闭弦"被弦释放和吸收后,会发生什么呢? 最终的发现结果让米谷震惊不已,他在释放与吸收"闭弦"的两条弦之间,发现了引力的传递。

正如前文所述,电子释放出光子,其他电子将该光子吸收后,这两个电子间传递了电磁的库仑力。与之相同,如图 3-12 所示,米谷发现,某条弦释放出振动的"闭弦",其他弦将该条"闭弦"吸收后,释放弦与吸收弦之间产生了与两条弦质量乘积成正比的引力(图 3-13)。

图 3-12 "闭弦"以此种方式振
动传递，就会变成传递
引力的引力子

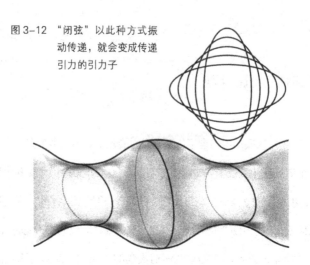

图 3-13
上：在"开弦"之间，通过"开
弦"的交换传递电磁的库仑力
左下：在"开弦"之间，通过交
换"闭弦"传递引力
右下：在"闭弦"之间，通过交
换"闭弦"传递引力

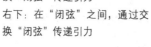

电磁的
库仑力

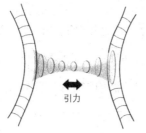

引力

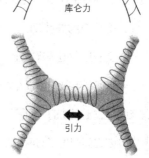

引力

米谷的研究发现，证明了弦理论是一门包含引力的理论。

正如将电磁场的理论与量子力学相结合后，出现了电磁波的粒子——光子一样，将引力的理论与量子力学相结合，预言了引力波的粒子——引力子。另外，与电磁力通过交换光子传播的机制相似，引力也被认为是通过交换引力子来传播的。如图 3-13 的左下图和右下图所示，振动的"闭弦"传递了引力，该弦就是弦理论中的引力子。

几乎在米谷获得这一发现的同时，美国也有一些研究者注意到了这一点。其中包括加州理工学院的约翰·亨利·施瓦茨（John H. Schwarz）和他的来自法国的共同研究者乔尔·谢尔克（Joel Scherk）。米谷的研究只指出了"闭弦"传递引力，而他们却提倡从这个层面继续研究下去，更加深入地拓展弦理论的可能性。他们认为，如果弦理论包含引力的话，那么这个理论一定就是融合了广义相对论和量子力学的终极统一理论。

米谷在回想起当时的情况时，这样讲道：

"由于当时的这个提案过于大胆，理论依据又很薄弱，所以几乎没有人相信。然而，他们（施瓦茨和谢尔克）却勇敢地发表了相关论文。我当时只不过是一名独自搞研究的研究生，没有勇气提出什么'统一理论'。"

7. 弦理论与超弦理论的区别

或许大家已经注意到，目前谈论的是南部和后藤提出的弦理论，接下来我将解释之后发展起来的超弦理论与弦理论的区别。

基本粒子的标准模型中共有 17 种基本粒子，大致分为组成物质的费米子和传递物质间作用力的玻色子（图 3-14）。电子、中微子和夸克等基本粒子属于费米子。传递电磁力、强力和弱力的光子、胶子、W 粒子和 Z 粒子属于玻色子。2012 年，CERN 通过 LHC 实验发现的希格斯粒子也是玻色子。虽然基本粒子的标准模型不包含引力，但是未被发现的引力子，也是传递引力的玻色子。

其实，南部和后藤的弦理论里只出现了玻色子。我们之前讲到，如果认为粒子是弦的话，那么就可以把所有粒子统一成弦，但弦理论并没有将电子和夸克等费米子涵盖进去。

但是，之后的超弦理论不仅以弦的振动解释了玻色子，还解释了费米子。这就是弦理论和超弦理论的区别。

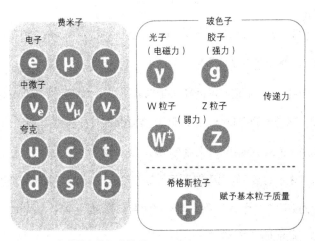

图3-14　基本粒子的标准模型

8. 什么是"超空间"

那么，是如何实现将费米子成功纳入弦理论之中的呢？首先我们要认识一下"超空间"。

顾名思义，超空间不是普通的空间。那么，"普通的空间"又是什么呢？在普通的空间里，可以用数字组来确定空间中的位置。例如，可以用一个数字确定直线上点的位置，我们称这个数字为"坐标"。两个数字表示的坐标可以确定平面上点的位置。这种确定位置所需表示坐标的数叫作"维度"。确定直线上的坐标只需要一个数，所以叫一维空间。平面则是二维空间。

我们生活的三维空间，确定位置需要三个数字（长度、宽度和高度）。例如在街道如棋盘格子的日本京都街头约人碰面，只要说出纵向和横向街道的名字，对方就会明白。由此看来，似乎我们生活在二维的平面上也足矣，但是我们的空间确实还存在"高"这个度量。如果只说"我们在四条河原町的高岛屋见面吧"，对方是不会知道应该在几楼等我的。只有加上"6楼的咖啡店"这个"高度"，才能把位置确定下来。在这里，"四条""河原町"和"6 楼"就是坐标，如果不指定这三个位置，就无法确定见面的地方。因此，我们的空间是三维的。

普通的空间的坐标使用"普通的数字"表示。然而，超空间的坐标并不是"普通的数字"。

例如普通的数字 2，可以进行任意次数的乘法运算。2×2=4、2×2×2=8、2×2×2×2=16……像这样数字只会越来越大，不会出现中间结果为 0 而无法计算下去的情况。

但是，在数学的世界里，这个常识就不一定一直适用了。相同的数字相乘之后，可以出现结果为 0 这样不可思议的情况。我们把这样的数字写作 θ，$\theta \times \theta = 0$。当然，普通的数字（只要这个数字不是 0）是不会出现这种情况的。具有这种奇妙性质的数字叫作"格拉斯曼（Grassmann）数"。

超弦理论认为，超空间是一个格拉斯曼数也可以用作坐标的空间。但是，为什么必须搬出这样的数呢？那是因为费米子和玻色子具有不同的性质（图 3-15）。

对于组成物质的费米子而言，一个粒子占据了某种状态后，其他粒子就不能以相同的状态存在。这好比在同一空间内禁止放置两个或三个咖啡杯一样。因为物质是占有空间的，所以即使将多个杯子摞起

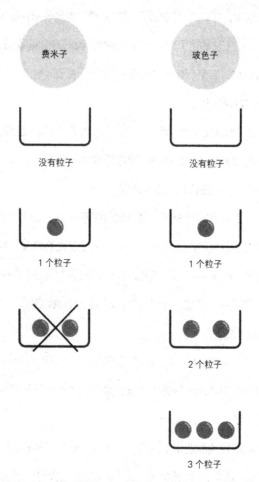

图 3-15　左：只能放入一个费米子
　　　　　右：可以向相同的空间内放入任意数量的玻色子

来或者摆在旁边，也不能使其所占空间完全重叠。

　　相反，玻色子允许任意数量的粒子共存于同一状态。因此，仅有玻色子的世界里如果有一列通勤电车的话，即使看上去车厢内已经拥挤不堪，乘客也不会被挤出去。因为无论上去多少乘客，都绝不会满员。

　　玻色子允许任意粒子共存于同一状态的性质，使它能够传递力。力具有强弱差异。例如，质量大的天体引力强，质量小的天体引力弱。这种引力的强弱差异是由传递引力的引力子数量差异造成的。磁铁的力也有强弱之分，也是由传递电磁力的光子数量决定的。因为同一状态的引力子和光子可以任意聚集，所以引力和电磁力就会出现强弱差异。其他的玻色子也是一样的，力的大小是由传递各种力的玻色子数量决定的。

　　在南部和后藤的弦理论中，只出现了具有这种性质的玻色子。他们理论中的弦是在 $2 \times 2 = 4$、$2 \times 2 \times 2 = 8$……这种可以无限计算下去的普通数为坐标的空间内振动的弦。若仔细观察南部和后藤的计算，就会发现任意数量的玻色子都能共存于同一状态的性质，来源于可以无限计算下去的普通数的性质。所以只使用普通数的坐标，就无法通过弦的振动来产生费米子。

而格拉斯曼数只在计算一次就会结束，如 $\theta \times \theta = 0$。费米子的一个粒子独占一种状态的性质，其实就源自格拉斯曼数的性质。

于是，在坐标数字包含了普通数与格拉斯曼数的超空间内，在格拉斯曼数表示方向上振动的弦能够产生费米子。

最初注意到格拉斯曼数坐标可以解决弦理论中费米子问题的是，美国费米国家加速器实验室（FNAL）的研究员雷蒙（Pierre Ramond）。随后施瓦茨和法国留学生南夫（Andre Neveu）将雷蒙的想法应用于引力子，在对其进行补充之后，超弦理论便诞生了。因此，雷蒙、施瓦茨和南夫三个人是超弦理论的创始者。

9. 什么是"超对称性"

超空间中的弦理论能够涵盖玻色子与费米子。这种超空间内的弦理论就叫作超弦理论。

不过，超弦理论的"超"还有另外一个意思，那就是"超对称性"。当然，超对称性并非普通的对称性。那么，"普通的对称性"是什么呢？对称性对本书后面的内容而言非常重要，所以在解释超对称性之前，先简单介绍一下对称性。

所谓对称性，就是指性质不会随观察方法的改变而发生变化。例如，以不同方向观察后，被观察物无变化，称之为旋转对称性。因为二维的平面发生旋转也不会有任何变化，所以平面具有 "旋转对称性"。用坐标 (x, y) 确定二维平面的位置后，可以用坐标轴的旋转来表示平面的旋转。我们所在的三维空间也具有旋转对称性。实际上，麦克斯韦方程组和爱因斯坦的引力场方程，即使在三维空间内旋转也不会改变方程式的结构。

因此可以说，自然界的法则中都具有旋转对称性。

这个新颖的观点直到近代才得以确立。根据古希腊亚里士多德的世界观，三维空间不是旋转对称的。亚里士多德认为，自然界中的万物之所以能够自上而下地下落，是因为物质自身具有趋向回归地球中心 "本来位置" 的性质，"上下" 的方向具有本质的意义。直到哥白尼提出 "日心说"，亚里士多德的观点才退出了历史舞台。我们之所以感觉到上下是特殊的方向，是因为地球的引力作用，自然界的法则自身是具有旋转对称性的。

所谓超对称性，就是指将旋转对称性的概念延伸到超空间。超空间的坐标由普通的数和格拉斯曼数共同组成。普通的二维平面的旋转

对称性是 x 和 y 坐标轴的旋转（图 3-16，右），超对称性则是普通的数和格拉斯曼数 θ 坐标轴的旋转（图 3-16，左），超对称性是超空间内的旋转对称性，所以称之为超对称性。

为什么必须考虑这些东西呢？

超弦理论用超空间将费米子涵盖进了弦理论，所以需要确认弦理论在超空间中是否真的合乎数学逻辑。结果显示，为了使该理论与量子力学的原理不发生矛盾，必须需要超空间内的旋转对称性，即超对称性。

超弦理论认为，弦在普通的坐标方向振动会形成玻色子，在格拉斯曼数的坐标方向振动就会形成费米子。超空间内存在超对称性，玻色子与费米子之间才会存在交换对称性。

这种超对称性的观点，产生于超弦理论的研究中。超对称性自然地融入了从超弦理论推导出的基本粒子模型之中。换句话说，也可以认为超弦理论预言了超对称性。

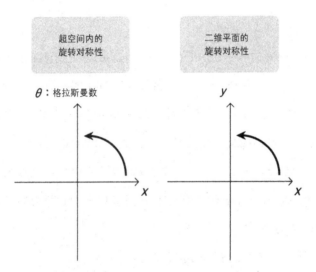

图 3-16　超空间与超对称性

右：二维平面的旋转可以通过坐标轴的旋转来表示

左：在拥有普通的数 x 和格拉斯曼数 θ 坐标的超空间内的旋转对称性即为超对称性

10. 我们在超空间里吗？

在研究超对称性的初始阶段，我们也思考过包含于现在的标准模型中的玻色子与费米子之间，是否存在交换对称性。但是，在光子、胶子、W 粒子、Z 粒子和希格斯粒子这些玻色子，与电子、中微子和夸克这些费米子之间，无法找到超对称性。所以，如果假设存在超对称性，就要预言存在新的粒子。标准模型的玻色子中将出现费米子新粒子，标准模型的费米子中将出现玻色子新粒子，且两种新粒子质量相同，互为"搭档"。

但是，现阶段还未发现这样的搭档粒子。

即使在自然界基本法则的层面上存在对称性，通过目前最大能量层级的实验观测，也经常会出现找不到的情况。例如在基本粒子的标准模型中，电磁力和弱力之间存在对称性。但是，电磁力能够以光速传递到任何地方，而弱力只能传递到相当于原子核直径千分之一的地方。因此，我们看不见电磁力与弱力的对称性。对于应该存在却看不到的对称性，南部阳一郎用自己发现的"对称性自发破缺"对其进行了解释。2012 年 CERN 关于希格斯玻色子的发现，也同样证明了电磁力和弱力之间的对称性会发生自发破缺。

如果超对称性也发生着自发破缺，那么未知的粒子就没有必要与对应的标准模型的粒子具有相同质量了。根据超弦理论，基本法则层面存在超对称性，因此只要能够使用足够高的能量进行实验，就应该可以找到出这样的搭档粒子。

CERN 发现希格斯玻色子之后，暂停了 LHC 的运转。但是，该组织预计于 2015 年用比此前都要更高的能量重新开始实验。此外，ILC（国际直线对撞机）级别的高能量实验也在计划之中，因此在不久的将来，或许能够确认超对称性预言的搭档粒子的存在。

如果能够找到这对粒子的话，那将是具有冲击性的重大发现。其价值与意义将远远超过 "发现新粒子" 的级别。

我们一直认为自己生活在三维空间里。但是，超弦理论预言，我们的空间不是普通的空间，而是超空间。除了普通数字确定的坐标之外，还存在以格拉斯曼数表示坐标的 "额外维度"。一旦超对称性预言的粒子被我们发现，就会打开验证超弦理论的新道路。我们对空间的认识和想法也会随之从本原上革新。

小专栏　南部阳一郎丢失的论文

　　1970 年南部阳一郎发表的弦理论论文属于该领域的基础文献，不过该论文曾在很长一段时间内都没有找到。

　　那年夏天，南部本打算在丹麦哥本哈根召开的国际会议上发表关于弦理论的想法，也准备好了演讲稿。他当时是美国芝加哥大学的教授，计划在暑假期间与家人一起开车横跨美国西部，前往加利福尼亚州的旧金山，然后从旧金山乘飞机飞往哥本哈根。

　　然而，当南部来到犹他州大盐湖的时候，车子抛锚了。大盐湖是西半球最大的盐湖。我曾开车路过那里很多次，从盐湖城向西，蒸发掉水分的湖面全是盐。放眼望去，雪白的世界里延伸出一条车程足有几小时的道路。

　　大盐湖地区夏天的地表温度会超过 40 摄氏度，南部的车在行驶途中可能出现了过热的情况。南部一家最终到达了湖的尽头，在找到汽车修理店前，他们选择临近犹他州与内华达州州际线的一家温多弗（Wendover）酒店休息。

　　最终，南部虽然到达了旧金山，但是赶不上哥本哈根的会议了。即将缺席会议的南部将提前准备好的演讲稿发送了过去。他以为他的演讲稿会被登载到会议记录中。然而，也许是会议主办方出了什么差错，该次会议的会议记录并没有出版。

于是，只有几个人曾看过南部的论文。但是，在基本粒子论研究者的圈子内，南部独创的想法广为人知，即使没有论文，南部也被广泛地认为是弦理论的创始人之一。

第二年，后藤铁男独自发现了相同的理论。后藤在发表之前听说了南部的工作，因此后藤在他的论文脚注中引用了实际上并未发表的南部在哥本哈根的演讲。

幸运的是，南部的论文并没有丢失。1995 年南部出版论文选集的时候选用了当时的那篇论文，该论文才得以见于世人。我读过那篇论文后，重新深刻地感受到了南部研究思想的先驱性。

第四章

为什么是九维空间?

$$e^{i\pi}+1=0$$

一直循环下去的数字和绝不露出真面目的虚数，描绘出简洁的轨迹，到达某一点。圆明明没有在任何地方登场，预料之外的 π 却从天而降，落到了 e 的地盘，面带羞涩地与屋内的 i 握手。虽然它们将身体紧紧地挤在一起默不作声，但是一个人仅用数字 1 与之相加，世界就毫无征兆地发生了转变。一切都归于 0。

欧拉恒等式是划过漆黑夜空的一颗流星。

在小川洋子的《博士的爱情算式》中，写在博士的便笺纸上的欧拉恒等式 $e^{i\pi}+1=0$，消除了寡妇和保姆之间的隔阂。

18 世纪最伟大的数学家欧拉，让牛顿和莱布尼茨创始的微积分种子发芽开花，并且硕果累累。只要对现在我们使用着的数学追本溯源，就会发现情况很多都要回到欧拉时代。

　　本章主要讲述欧拉的另外一个公式。日本数学家黑川信重评价这个公式时曾感慨"如瀑布之磅礴冲击"。

1. 为什么这个世界是三维的

　　说出来你也许会有些意外，其实物理学的许多理论没有选择"维度"的数目。力学的牛顿方程式、电磁力的麦克斯韦方程式以及引力的爱因斯坦方程式，无论将其置于几维的空间内，都能解得开。五个、六个、七个……不管坐标的数量增加到何种程度，这些方程式都依然适用。虽然理论自身是"维度自由"的，但是为了解释现实的世界，这些理论更多地运用在三维空间内。

　　但是，超弦理论与之不同，超弦理论只在九维的空间内适用。如果考虑其他维度的话，理论就会出现矛盾。

　　理论需要限定维度的数目，在物理法则中是前所未闻的。牛顿理论和爱因斯坦理论都没有限定空间的维度，仅从限定维度这一点来看，或许可以说超弦理论是划时代的理论。

　　我们的基本粒子物理学家正在努力通过基本理论来导出宇宙的各

种性质。其中关于为什么我们的空间是三维的这个问题，或许可以说是一个根本问题。麦克斯韦理论和爱因斯坦理论无法回答此问题。因为这些理论适用于任何维度，它们没有义务回答"维度是如何决定的"。不过，超弦理论从理论自身的自洽性或相容性确定空间维度——空间是九维的。虽然并未直接回答之前的"三维空间"问题，但是至少它确定了一个维度。于是我们可以从九维空间为出发点，紧化其中六个维度空间给出我们熟知的三维空间。

　　超弦理论中维度是确定的，其空间为九维，加上时间的话就是十维的。也许有不少读者已经多次听闻过这个观点。但是，知晓其原因之人或许寥寥无几。本章将尽可能用简洁易懂的语言，解说超弦理论的空间为什么是九维的，以及九这个数字从何而来。

2. 弦理论适用的空间为二十五维！

　　其实，并不只有超弦理论中限定维度。在加上"超"这个前缀之前，南部和后藤的弦理论也同样限定了维度。无论是弦理论还是超弦理论，限定维度的理由都是一样的，我先从解释弦理论开始讲起。

　　南部和后藤提出弦理论的时候，以为弦理论与一般的理论一样适用于各种维度，因此他们想直接使用弦理论来解释发生在三维空间的现象。然而，当他们根据弦理论计算三维空间的物理量时，发生了奇妙的事情。在求解概率的计算结果中，出现了负数和大于 1 的情况。如果某一现象绝对不会发生，那么概率的值为 0；如果一定会发生，那么概率的值为 1。所以不在 0 与 1 之间的概率结果都是没有意义的。特别是在处理微观世界的量子力学中，计算物理现象发生的概率是非常重要的。这个没有意义的结果，使该理论陷入了困境。

　　例如，2012 年被发现的希格斯玻色子生成之后会随即衰变，所以无法直接被观测到。于是通过检测出衰变后生成的其他粒子，间接地证明了希格斯玻色子的存在。此时，我们只能计算出希格斯玻色子衰变成其他粒子的概率。它既可以变成 2 个光子，又可以变成 2 个 W 粒子。变成 2 个光子的概率为负 2，变成 2 个 W 粒子的概率为正 3，这种概率在理论上是没有意义的。

　　针对这一问题，美国罗格斯大学（Rutgers University）的克劳德·洛夫莱斯（Claud Lovelace）提出了令人震惊的解决方案。他提出把三维空间内得出的奇怪计算结果放置到更高的维度，并发现在某一特殊的维度内，概率的值满足 0 到 1 之间。虽然现在理论物理学家通常都在思考高维度的理论，但是对于当时来讲，考虑到其他维度去验证计算结果是非常大胆的创新。

经过验证，这个特殊的维度并不是四维或五维这么简单，而是二十五维。只有在比三维空间还要多出 22 个维度的空间内，通过弦理论的计算结果有意义。

3. 光子没有质量

弦理论为何要限定维度？若想理解这一点，需要我们回想一下上一章中关于弦的振动状态的解释。正如小提琴的弦通过振动奏出了各种乐音，基本粒子的弦也有各种各样的振动状态，不同的振动状态对应了种类不同的粒子。例如光子，它的振动状态就如上一章的图 3-8 所示。

爱因斯坦的狭义相对论认为，光的速度有着特殊的意义。无论什么粒子，它的移动速度都无法超越光速。拥有质量的粒子比光速慢，没有质量的粒子才能以光速移动。当然，光的粒子——光子应该是没有质量的。

　　然而，当把弦理论应用于三维空间，计算光子所对应的粒子质量时，其结果并不为 0。若光子有质量，这就与狭义相对论产生了矛盾。经过多方验证，最终发现这个矛盾源于概率的计算结果中出现了小于 0 和大于 1 的情况。

　　那么，为什么南部和后藤的弦理论中，仅限于二十五维的空间内，光子的质量才为 0，才与狭义相对论不矛盾呢？下面我将对此做出解释。

4. "真空量子涨落的能量" 并不为 0

　　根据爱因斯坦的公式 $E=mc^2$，质量可以换算成能量。因此我们也可以认为，粒子的质量即为粒子所带有的能量。

　　对于弦而言，弦通过振动会具有"振动能量"，振幅越大，能量就会越大，从而弦的质量也随之变得更大。

　　当弦停止振动时，弦的能量就会处于最低的状态。虽然我们认为此时弦的"最低能量"为 0，但是实际上并非如此。

　　例如，将绳子的一端系上"重物"进行钟摆实验。当钟摆摆动时，重物就会具有动能。当钟摆向上摆动的时候，重物的重力势能也会随之增加。因此，当重物处于最低点静止不动的时候，重物的能量是最小的。我们可以认为这时重物的最低能量为 0。但是，反映微观世界的量子力学并不认可这种状态（图 4-1）。

在这里让我们回想一下第二章中介绍的不确定性原理。根据这一原理，无法同时确定粒子的位置和速度。只要指定了粒子的位置，就无法确定速度；只要确定了速度，就无法确定粒子的位置。当重物处于"最低点"的时候是"静止不动"的，这一观点相当于确定了该重物的

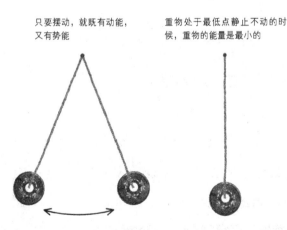

图 4-1　如果不考虑量子力学，那么右边状态的能量为 0，
　　　　否则不为 0

位置和速度，因此不符合不确定性原理。

在量子力学的世界里，如果为了减小重物的重力势能，就将重物放置于最低点，那么其速度的变化会导致重物的动能越来越大。若想减小重物的动能，就将其速度降至接近于 0，那么由于无法确定重物的位置，重物的重力势能会随之变大。因此，若想降低重物的整体能量，就必须找到位置不确定性与速度不确定性的妥协点。

随着对不确定性原理许可下的最低能量状态的探索，我们发现该状态下重物的"量子涨落能量"不为 0，它的大小与钟摆的频率成正比。

5."光子的质量"之探究方法

弦也存在量子涨落，所以最低能量不为 0。这一最低能量加上弦的振动能量就等于弦的整体能量，也就是弦的质量。对于光子而言，这个最低能量则必须为 0。

根据南部和后藤的弦理论，不同的维度数会使能量的值千变万化。只有在二十五维的空间内，光子的质量（= 最低能量 + 振动能量）才为 0。那么，让我们通过计算来确认一下吧。

接下来会出现一些计算公式，不过请你不要担心。如果觉得公式造成了阅读障碍，可以不管它们，这不会影响下一章的阅读。瞥到这些公式时，你只需要理解到"这些计算就能确定二十五维空间吗"的程度即可。

首先，让我们研究一下光子对应的弦的最低能量。

正如上一章中图 3-3 所示，弦有各种各样的振动状态。我们称之为"振动模式"。在图 4-2 中，第一种模式为两端振动，中央部分静止。我们把静止部分叫作模式的"节点"。第一种模式中有 1 个节点，

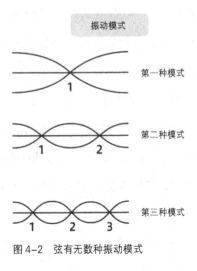

图 4-2　弦有无数种振动模式

第二种模式中有 2 个节点，第三种模式中有 3 个节点。节点可以存在无数个，所以弦的振动有无数种振动模式。

由于不确定性原理适用于各种振动模式，所以当处于最低能量状态的时候，所有模式都会出现量子涨落。而且，"量子涨落能量"的大小和钟摆的情况一样与频率成正比。频率以节点的数量来表示，随着节点数从 1、2、3…不断增加，频率也随之增加，这些模式的最低能量也会从 1、2、3…不断变大。所有的这些模式相叠加构成了弦的振动，把各个模式的最低能量加在一起，可以得出弦整体的最低能量与 (1+2+3+…) 成正比。

接下来，让我们思考一下弦的振动方向。虽然弦在不同维度的空间上可以在各种方向上振动，但是上一章中介绍的光子在传播方向上没有振动。因此，如果用字母 D 来表示空间的维度，那么弦振动方向的数量为维度数减去传播方向的数量，即为 $(D-1)$。由于各个方向的最低能量都与 (1+2+3+…) 成正比，因此弦的所有振动方向上最低能量的总和为 $(D-1)\times(1+2+3+…)$。于是我们就计算出了弦整体的最低能量。

那么，与光子相对应的弦在振动的时候，振动能量又是怎么样的呢？图 3-8 的上图描绘了与光子相对应的弦的振动，将其旋转 90 度后，与图 4-2 的"第一种模式"相一致。根据量子力学的计算得知，某一模式下引起振动所需的振动能量是该模式下具有特定偏振量子激发能量的 2 倍。因此,如果将第一种模式的具有特定偏振的量子激发能量(因为节点数为 1)设定为 1,那么就需要 2 的能量来引起振动。这就是光子的振动能量。

也就是说,光子整体的能量(= 振动能量 + 最低能量)与 $2+(D-1)\times(1+2+3+4+5+\cdots)$ 成正比。

6. 不可思议的公式推导出二十五维

以此方法求得的光子质量必须为 0,才能符合狭义相对论。然而,我们仔细观察这个算式后发现,第一项 2 是正整数。进一步 D 为空间的维度数,所以 D 和 $(D-1)$ 都不是负数。那么,为了使光子的整体质量为 0,$(1+2+3+4+5+\cdots)$ 这部分的数值就必须为负数。

乍看之下,我们不可能得到那样的结果。因为 1、2、3···这样的正数无穷地加下去,不可能得到一个负值的结果。

但是,18 世纪的一位数学家发现了一个不可思议的公式,得出了这样的答案。他就是莱昂哈德·欧拉。如果要选出"历史上最重要的

五位数学家"，那么莱昂哈德·欧拉必
居其中。他在数学的所有领域都留下
了划时代的成果，是在数学史上撰写
论文最多的超人。他的论文被编辑成
册，出版成《欧拉全集》，目前已经出
到了第72卷，尚未终结。

图4-3　莱昂哈德·欧拉
（1707—1783）

欧拉在30岁和60岁时，右眼和
左眼继续失明，但他对研究的热
情丝毫不减

在欧拉留下的众多公式中，有一
个这样不可思议的公式：

$$1+2+3+4+5+\cdots=-\frac{1}{12}$$

是不是有些不敢相信？将正整数无穷地相加之后，竟然得到了一
个负数。

无论怎么看 $(1+2+3+4+5+\cdots)$ 这个算式，其结果都是无穷大。但
是，正因为结果是无穷大，才能认为它的值可以既不是正数也不是负
数。所谓无穷大，就是指不知其是正还是负，让人摸不着头脑。

可以说，是欧拉的公式为"无穷大"赋予了"意义"。从现在的数
学观点看，欧拉推导该公式的计算方法存在着"无穷大"及其求和的
问题，欠缺严密性。但是，他根据这一自由联想，发现了数学的真谛。

日本数学家黑川信重评论这个公式的时候，曾感慨道："如瀑布之磅礴冲击。"

本书最后的附录中整理了这个公式的推导方法，感兴趣的读者可以参考一下。

接下来，让我们把欧拉的公式代入光子的能量公式中看一看。

（光子的能量）$=2-\dfrac{D-1}{12}$

如果 $D=25$，

那么 $2-\dfrac{25-1}{12}=0$

所以，当 $D=25$ 时，光子的能量为 0。

于是我们发现，弦理论认为空间维度为二十五维的时候，光子的质量为 0，与狭义相对论并不矛盾。如果在其他维度的空间内进行计算，那么概率的值会变成负的或者大于 1，那就不合理了。

7. 为什么超弦理论的维度是九维

那么，超弦理论的维度确定为九维，又是如何求得的呢？将相同

的计算应用于超弦理论，光子质量为 0 的条件是

$$2-\frac{D-1}{4}=0 \text{。}$$

让我们用弦理论的算式与之比较一下。第一项"2"与弦理论是一样的，它是与光子相对应的弦引起振动所需的能量。但是，给予最低能量的第二项在弦理论中为 $(D-1)/12$，而超弦理论是其 3 倍的 $(D-1)/4$。超弦理论的弦除了在普通空间的 D 维方向上振动之外，还在超空间的格拉斯曼数坐标方向上振动。因此，光子的质量必须包含该方向的量子摇摆效果。计算结果是 $(D-1)/12$ 的三倍，即 $(D-1)/4$。

求解此方程得 $D=9$。也就是说，超弦理论必须在九维空间（确切地说，应该是"九维 + 格拉斯曼数的超空间"）才合理。这就是超弦理论的空间为九维的理由。

小专栏　所谓的"了解"

虽然我在上面写道:"超弦理论必须在九维空间才合理",但这并不是我在日常生活经验中看到的。那么,为什么我会如此确信地这么说呢? 也许大家会产生这样的疑问。

前几天在丰田汽车的董事会上,当我谈及有关"何为引力"的时候,有人这样问我:"基本粒子研究者说'了解了'的时候,到底是什么意思?"

"我们了解了希格斯玻色子的存在"或者"我们了解了超弦理论是九维空间的理论"与"我们了解到 2013 款普锐斯(Prius)PHV 的电池充电后能够跑二十多公里"中"了解"的意思好像不同。

"我们了解了希格斯玻色子的存在",这句话是什么意思呢?

我们用肉眼无法直接看到希格斯玻色子。只有 CERN 的 LHC 通过撞击加速的质子,才能在一瞬间产生希格斯玻色子,不过这种粒子会立刻衰变。而且,我们无法直接检测出希格斯玻色子,只能检测出希格斯玻色子衰变后的光子和 W 粒子等已知粒子。

基本粒子的标准模型除了预言希格斯玻色子之外,基本上验证了所有粒子。

(1)在标准模型包含希格斯玻色子的情况下,质子撞击将产生多少光子?

（2）标准模型计算不考虑希格斯玻色子影响的时候，产生多少光子？

将各自计算结果与实验测定的光子数量进行比较后发现，（1）的计算准确率远远高出。

通过标准模型的理论计算，数千名研究者和技术人员参加的大规模精密实验，以及使用超级计算机进行数据分析，终于可以说"发现了希格斯玻色子"。这与自己驾驶亲自充电后的普锐斯 PHV，"了解到它能跑二十多公里"的说服力完全不同。

那么，"我们了解了超弦理论是九维空间的理论"这句话是什么意思呢？

目前超弦理论没有被实验所验证，我们现阶段说的都是纯粹的数学观点。只有将空间的维度限定于九维时，超弦理论才不会出现数学上的矛盾。它与"如果假定欧几里得的公理，就能了解到三角形的内角和为 180 度"中的了解是相同的意思。

在物理学中，通过基础法则可以将一切现象都引向数学，所以在基础法则的层面上合乎数学逻辑是很重要的。不出现矛盾的条件往往是发现法则的重要启示。

例如，爱因斯坦发现狭义相对论，是为了消除牛顿的力学与麦克斯韦的电磁力学之间的矛盾。另外，广义相对论消除了狭义相对论与牛顿的万有引力理论之间的矛盾。

提出希格斯玻色子也是为了消除"弱力"理论的矛盾，当时的一种数学观点认为"如果使用希格斯玻色子，弱力理论就不会出现矛盾"，经过半个世纪，LHC 的实验终于验证了这一点。

　　基本粒子理论的研究表明，越是深入探究本原性的基本法则，合乎数学逻辑下的理论选择项就越来越少。能够统一引力和量子力学而不出现矛盾的，只有超弦理论。因此，在超弦理论的研究中，数学上的自洽性成了一条巨大的引线。

第五章

力的统一原理

　　老师把我的手放在了水管口下，一股清凉的水在我的手上流过，她在我的另一只手上由慢到快地写下了"WATER"这个词。我静静地站在原地，将全身的注意力都集中到老师的手指运动上。突然，我的头脑中瞬间产生了神秘的感觉，就像回想起已经忘记了的什么事情。这时我才认识到"WATER"就是正在我一只手中流动的这种清凉而奇妙的液体。它唤醒了我的灵魂，给我带来了阳光和希望。

　　这是海伦·凯勒的《我的生活》中著名的一段文字，描写了海伦认识到"万物皆有名字"而激动不已的体会。

　　科学研究也是如此，某一发现可能会彻底改变世界观。之前一直以为完全没有交集的事物，突然间产生了紧密的关系。我想有很多科学家坚持研究，也是为了这种探索未知的喜悦。

　　本章将要介绍的"规范场论"，革新了人类对自然界中力的认识。

以前认为毫不相干的引力和电磁力，以及 20 世纪新发现的强力和弱力，在这几种力的背后存在着一个共通的深奥原理。规范场论的发现，消除了四种力之间的隔阂，萌生了统一自然界所有力的希望。

1. 力有共通的原理

超弦理论不仅是统一引力和量子力学的理论，还是基本粒子的理论。基本粒子之间存在着电磁力、强力、弱力和引力，其实在这四种作用力的背后隐藏着共通的原理。

这一原理出现在 1916 年爱因斯坦发表广义相对论之后。广义相对论使用当时最新的数学——黎曼几何学。这种几何学对引力做出了解释，备受数学研究者的关注。其中也包括德国的数学家赫尔曼·外尔（Hermann Weyl），他深入地思考了这个引力理论，发现了原本毫不相干的引力和电

图 5-1

赫尔曼·克劳斯·胡戈·外尔（Hermann Klaus Hugo Weyl, 1885—1955）

磁力的作用方式存在共通点。

外尔所发现的这一力的原理叫作"规范场论"，它是 20 世纪基本粒子物理学的主要指导思想之一。无论在基本粒子的标准模型，还是在超弦理论中，规范场论都发挥着极为重要的作用。但是，不知是否由于该理论过于抽象，我没有找到面向一般读者、对其含义进行解释说明的书籍。因此，我将尽量用简洁而明了的语言，在本章中尝试对该理论进行解释说明。

如果你从来没有听说过这一理论，阅读的时候或许会有些困惑，届时你可以直接阅读下一章。本章的关键词为"规范对称性"。如果后面的内容出现这个词的话，并且想深入了解"规范对称性"，可以再折返回来阅读本章。

在讲解规范场论之前，先让我们复习一下给外尔带来启发的爱因斯坦的相对论。1905 年爱因斯坦发表了特殊相对论（狭义相对论），该理论假定了某一观测者和另外一个以一定的相对速度奔跑的观测者，对于他们任何一个观测者来说，光速都是恒定不变的。爱因斯坦通过这个假设，预言了时空伸缩这个不可思议的现象。这个理论之所以"特殊"，是因为两个观测者之间的相对速度是被限于特定情况的。

然而，在与之相对的一般相对论（广义相对论）中，无需限定相对速度的条件。无论是特定的速度还是变化的速度，不管观测者之间的相对速度如何，引力的方程式都是相同的。只要做出这样的假设，一般相对论就可以将引力作为空间和时间的性质进行解释。爱因斯坦用引力的方程式推导出这样的条件：无论怎么改变时间和空间的测量方法，引力的作用方式都不变。

外尔注意到这种观点不仅限于引力，同样适用于电磁力的作用方式。电磁力也是一样，只要存在无论怎么改变"某一东西"的测量方法，力的作用方式都不变的这一条件，就确立了电磁力的麦克斯韦方程式。这就是电磁力的规范场论。规范场论属于力的原理。那么确立电磁力方程式的"某一东西"是什么呢？

在对其解说之前，先让我们复习一下电场和磁场的作用方式。

2. 电磁场与金融市场相似

只要存在带正电和带负电的两个电极，它们之间就能产生电场。如果在这个电场中置入电子，电子就会被吸引到带正电的电极那边。这是因为那边的"电势"高，电子会被吸引到电势高的地方。

　　磁场也会影响电子的运动。虽然把静止的电子置入磁场不会发生任何现象，但是若置入运动的电子，磁场就会使其运动轨迹发生弯曲。磁场所产生的力与电子的前进方向垂直，也与磁场自身的方向垂直（或许有人还记得弗莱明左手定律吧）。因此，只要将电子投入存在磁场的地方，电子就会出现旋转运动。

　　◇只要存在电场，电子就会被吸引到电势高的方向。

　　◇只要存在磁场，电子就会骨碌碌地旋转。

　　请记住电场和磁场的这两个性质。

　　下面将引用金融市场的例子来解释决定电场和磁场作用方式的原理，这或许有些思维跳跃，但电子的运动与资金的流动确实具有相似之处。

　　金融市场中，资金会流向收益升高的地方。电场中，电子也会被吸引到电势高的方向。另外，金融市场一直发生着"资金流转和提高收益"。磁场中，电子也一直在骨碌碌地旋转。

　　也许这样的比喻听起来有些牵强，但是电磁场的结构与金融市场的结构之间存在着密切的关系。只要你再稍微往后读一会儿，就会恍然大悟。

3. 电场与利率

前几天，当我路过东京金融街的时候，发现了推荐外币存款的广告。日本的年定期存款利率连 0.5% 都不到，而瑞士为 3%，南非甚至达到了 11%。那则广告宣传称："请在南非存外币吧！"

比如说，我们先在利息低的国家借款，然后把这笔钱带到利息高的国家去，并以定期存款的形式存入当地银行。不久之后，我们把本金和利息一起取出来，返回原来的国家。我们把借款返回之后，赚到的应该是利息的差额。

当然，在现实生活中想这么挣钱可不是一件简单的事，所以我们要做出若干假设。例如，假设从银行借款时的贷款利率与存入银行时的定期存款利率相同。另外，假设将资金从某一国家转移到另一个国家的时候，外币兑换和汇款都是不收手续费的。你也许会问，存在这么大方的银行吗？在物理学中，为了将问题简单化，看透事物的本质，经常会假设一些理想条件。例如，在学校的理科课堂上，为了解释平板车从斜坡上滑落的运动，我们会将平板车与斜坡之间的摩擦力视为 0。

因为外币兑换和汇款的手续费就如同资金流动的摩擦力，所以我们在这里将其假设为 0。

　　另外一个重要的假设就是，汇率不发生变动。因为如果在定期存款期间汇率发生变化的话，那么原来国家的货币可能会贬值。

　　假设这些条件之后，只要两个国家的定期存款利率不同，通过转移资金就可以赚到钱。那么，资金必然会流向利息高的国家。这与电子会聚集于电势高的地方的电磁场原理相似。也就是说，利息 = 电势。

　　仅仅知道这一点，恐怕还不能看到更加深层的含义。接下来让我们思考一下磁场与汇率的关系。

4. 磁场与汇率

　　我虽然在美国加州理工学院任教，但是每年都要到设置于日本东京大学的卡弗里数物联携宇宙研究所（Kavli IPMU），从事三个月的研究工作。此外，我还经常参加在欧洲举办的国际会议。因此，我要往返于日本、美国和欧洲，当报销旅费的时候，就会遇到汇率的问题。例如，我用美元购买机票飞往欧洲，数月之后美元与欧元的换算率发生了变化，报销旅费的时候就会出现少于或多于实际费用的情况。

在外汇市场中，两个国家的货币换算率时时刻刻都发生着变化，汇率会出现前后一致的情况吗？

以日元、美元和欧元这三种货币为例，我们一起来思考一下外币兑换。仍然假设免收外币兑换的手续费。

我们假设 1 美元可以换成 100 日元，100 日元可以换成 1 欧元，1 欧元可以换成 1 美元。在这种情况下，汇率的前后是一致的。1 美元换成 100 日元之后，再用这 100 日元换成 1 欧元，这 1 欧元可以换回最初的 1 美元。资金在这三个国家之间流动后没有发生任何收益或损失（图 5-2）。

然而，只要我们对汇率稍做改动，就不会出现上面的情况了。例如，1 美元可以换成 100 日元，100 日元可以换成 1 欧元，1 欧元可以换成 2 美元，那么当美元换成日元，日元再换成欧元的时候还是一样的，当欧元换回美元的时候就变成了最初的两倍（图 5-3）。在金融的世界里，我们把这种单凭资金流动就能获得收益的状态叫作"套汇机会"。

例如，只要日本银行介入外汇市场，就可以获得套汇机会。当日元与美元的汇率发生骤变的时候，欧元与日元及欧元与美元的汇率不

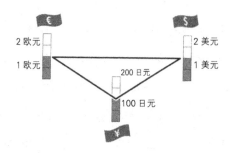

图5-2　这个三角形清晰地表示了，资金在三
　　　　个国家间流动后未发生收益或损失

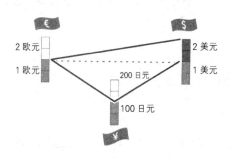

图5-3　三角形打开时，只要有资金流动就会
　　　　有收益

变，就会出现汇率前后暂时不一致的情况。但是，只要这种套汇机会一出现，盯着市场的货币投资人就会将资金转移提高收益。因此，套汇机会转瞬即逝，外币汇率又会重新恢复至前后一致。

我们通过比较图 5-2 与图 5-3 就会发现，当外币汇率前后一致的时候，经过美元→日元→欧元→美元的兑换过程，最终还是最初的 1 美元，所以三角形是闭合的。然而当套汇机会出现时，1 美元就变成了 2 美元，因此三角形就不是闭合的了。也就是说，套汇机会的有无，决定了三角形的开合。

当套汇机会出现，投资人转移资金获得收益的情况，与只要存在磁场电子就会旋转的情况类似。因此，我们可以想到，磁场的有无决定了某种三角形的开合，而电磁力原理也证明这种联想是成立的。

5. 金融市场中也存在"电磁感应"

在阐述这一观点之前，我再列举一个电磁场与金融市场的相似点。

我们知道，在麦克斯韦的电磁原理中，电场与磁场之间存在着联系。在金融市场中，利率与外汇的套取机会之间的关系也十分密切。

例如，当美国的利率比日本的利率高时，想要获得高息的存款人就会将资金转移到美国，从而会影响到日元与美元的汇率。另外，当美元升值的时候，换成日元钱就会增加，因此持有美元看上去如同赚得了利息。如上所述，利率与汇率互相影响，且变化着。

这与磁场的变化产生电场，电场的变化产生磁场的"电磁感应"现象十分相似。以电磁感应的发现为契机，麦克斯韦原理统一了电场和磁场。同样，利率与汇率也在金融市场这一系统中互相联系并变动着。

6. 电磁场中也存在"货币"

如上所述，电磁场与金融市场之间存在着若干相似之处。其实这并不是偶然的，其背后存在着共通的原理。

汇率的出现是因为各国都拥有各自的货币。如果都像欧元区那样使用单一的货币，就没有研究汇率的意义了。

此外，套汇机会的有无改变不了各国的货币单位。例如刚才假设1美元可以换成100日元，100日元可以换成1欧元，1欧元可以换成

2美元，从而出现了套汇机会。如果此时日本银行缩小货币面值单位，将日元退两位后，之前的100日元就变成了新的1日元。那么，1美元可以换成1日元，1日元可以换成1欧元，1欧元可以换成2美元，虽然汇率发生了变化，但是套汇机会与缩小货币面值单位之前一样，依然存在。图5-4描绘了日本银行缩小货币面值单位后，三个国家的汇率。与图5-3相比，虽然判定套汇机会有无的三角形的日本顶点数值发生了变化，但是三角形整体处于打开的状态没有改变。也就是说，套汇机会的有无只是决定了货币之间的相对价值。

　　于是我们发现，金融市场中存在着这样的原理："套汇机会的有无与各国货币的单位无关"。即使改变各国的货币单位，也不会影响到资金流动是否能带来收益的现象。

　　外尔发现，麦克斯韦的电磁理论中也存在与金融市场一样的原理。在金融市场中，各个国家拥有各自的货币，它们是衡量物质价值的单位。对于电磁力而言，时空的各个点也存在着假想的"货币"，与该货币利率和汇率的套取机会相对应的是电场和磁场。

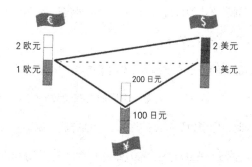

图 5-4　即使某一国家改变货币的单位，也不会
　　　影响套汇机会的有无（三角形的闭合）

7. 电磁场的 "标尺" 是旋转的圆

　　但是，外尔是一名数学家，因此他没有追问 "电磁场的货币" 在物理学上有何意义。他只是指出，如果存在假想的货币，就可以用麦克斯韦的方程式来进行解释。

　　十年后确立的量子力学阐明了外尔假想的 "电磁场的货币" 的真正意义。量子力学认为，一切粒子都同时具有 "波" 的性质和 "粒子" 的性质。因此，电子也具有波的性质。只要有波，就可以探讨一下波的 "相位"。例如，在海的波浪振动的过程中，波处于最高点的时候，相位为 0 度。当波浪下降到最低点的时候，相位为 180 度。随后波浪再次升高，回到最高点的时候，相位为 360 度。如果认为波回到了最初 0 度的状态，那么波的相位值是在 0 度和 360 度之间波动的。确立了量子力学之后，人们可以在量子力学的框架下理解电子与电磁场之间的关系，于是发现，外尔所假想的 "电磁场的货币" 就是电子波的相位。

　　本章的开头曾写道，即使改变 "某一东西" 的测量方式，电磁力的方程式也不会发生改变。这里的"某一东西"就是将电子视为波时相位的值。

电磁场与金融市场存在着不同之处。一般金钱可以认为是 1 美元，也可以认为是 100 万美元等任意大的额度。然而，"电磁场的货币"是电子波的相位，因此它的值仅限于 0 度到 360 度之间。我们用量角器测量角度的时候，到了 360 度之后，更大的角度就像回到了 0 度。

在三个国家之间的汇率图中，因为货币的面值可以取任意大小，所以测量它的标尺描绘出的是一条直线，如同直尺一般。与之相对的"电磁场的货币"，由于是从 0 度到 360 度往复的电子波的相位，标尺也如同硬币，呈圆形（图 5-5）。

在这种情况下，改变货币的单位就是移动相位，也就相当于让圆形旋转。在没有磁场的情况下（图 5-5，上），即使改变货币的单位，圆变为旋转状态，三角形仍处于闭合状态。不过，在有磁场存在的情况下（图 5-5，下），两条直线会移到右侧圆的上方，三角形将不再是闭合状态。

如上所述，金融市场与电磁场在标尺上存在直线和圆的差异，不过二者的作用方式还是十分相似的。因为电磁场与金融市场遵循着相同的原理。

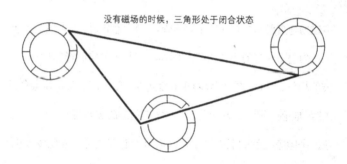

没有磁场的时候，三角形处于闭合状态

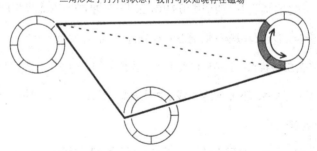

三角形处于打开的状态，我们可以知晓存在磁场

图 5-5　电磁场的货币

标尺不是直线，而是旋转的"圆"。磁场的有无可以通过三角形的
开合来判断

虽说"电子的波相位"是电磁场的货币，但是这毕竟是一个非常抽象的概念。你也许会在头脑中产生疑问，电场与磁场真的有联系吗？幸亏我们可以通过实验直接观察到二者的关系。外村彰团队通过图2-2的实验，在世界上首次验证了叫作"AB效应"的现象（图5-6）。

图中的黑白条纹是电子线的波。黑色圆形的部分有磁场穿过。观察磁场穿过的圆形内部，会发现黑和白的位置是错开的。它表示在磁场的影响下，"电子的波相位"正在移动。

即使作为标尺的圆旋转起来，解释电磁场作用的麦克斯韦方程式也不会改变。相反，正因为即使圆旋转起来也不发生变化，才确定了方程式。"即使改变'某一东西'的测量方法，力的作用方式也不变"，这一理论就是规范场论。"规范"如同尺子一样，是测量的单位。

在爱因斯坦的引力理论中，是以即使改变空间和时间的测量方法，也不会改变方程式为条件，确定了引力的方程式。在麦克斯韦的电磁理论中，是以即使与电子的波相位相对应的圆旋转起来，也不会改变方程式为条件，确定了电磁力的方程式。也就是说，这两个力的方程式都是根据规范场论来确定的。这就是外尔的重大发现。

正如第三章所述，我们把"即使改变观察方法，性质也不发生变

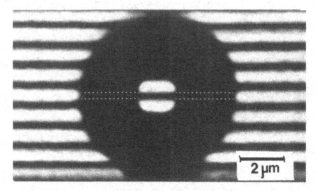

图 5-6　日立制作所的外村彰团队验证 "AB 效应" 的实验。黑白
　　　　的条纹表示电子的波。从黑色圆形的中心看到的也是条纹
　　　　的一部分。但是，圆内的黑色线条与外侧的黑色条纹是错
　　　　位的（白色虚线表示）。因为黑色圆形内有磁场，表示了
　　　　在磁场的影响下，电子的波相位发生了移动

化"的现象，叫作"具有对称性"。在规范场论中，因为改变标尺就相当于"改变观察方法"，所以也是对称性的一种。我们称之为"规范对称性"。电磁理论中圆的旋转，以及引力理论中改变空间和时间的测量方法，也都是规范对称性。

8. 关于"高维度的货币"的杨 – 米尔斯理论（Yang-Mills theory）

据说爱因斯坦晚年致力于统一引力和电磁力的研究课题。但是，爱因斯坦已经退出物理学的研究前线，他没有考虑到 1930 年以后发展起来的基本粒子物理学。他的眼界里只有引力和电磁力，他没有思考过新发现的两种力，也就是强力和弱力。

为了解释强力和弱力，我们需要扩充一下规范场论。致力于该课题研究并找到答案的是杨振宁和米尔斯（Robert L. Mills）。"杨 – 米尔斯理论"就是以他们二人名字命名的，是理解强力和弱力的基础。

杨振宁与米尔斯思考的是"高维度的货币"。

为了解释电磁场，我们把旋转中的圆视为货币的标尺。因为圆上的位置只用一个数字来表示"角度"，所以电磁场的货币的维度可以说是"一维"的。使用一个数字的情况与现实生活中的货币是一样的。你现在也许正在咖啡馆阅读这本书。那么，咖啡和书都是使用同样的货币进行支付的。"饮料"和"读物"完全不同，它们有各自衡量价值的单位，然而衡量它们的货币是同一种类。也就是说，无论是电磁场，还是金融市场，货币的维度都是一维。杨振宁和米尔斯对此进行扩充，通过研究高维度的货币，将解释强力和弱力变为了可能。

能够旋转的不只是圆。我们也可以让像地球仪表面那样的球面旋转起来。因为圆上的位置只能指定角度，所以圆是一维的。确定地球仪表面的位置需要纬度和经度这两个数字，因此球面是二维的。将球面上的点作为"二维的货币"来使用的就是杨 - 米尔斯理论。

在用一维的圆作为货币的电磁场中，磁场的有无与三角形的开合高度对应。在用二维的球面作为货币的杨 - 米尔斯理论中，也可以考虑到类似于磁场的东西，它的有无决定了连接二维球面的三角形的开合（图 5-7，上和中）。

正如即使电磁力让圆旋转，也不会改变磁场的有无一样，杨 - 米尔斯理论让球面旋转也同样不会改变磁场的有无（图 5-7，下）。这种情况下，球面的旋转对称性就是规范对称性。因为圆的旋转只是单方向的，所以圆的旋转对称性是一维的。决定球面的旋转需要旋转轴贯

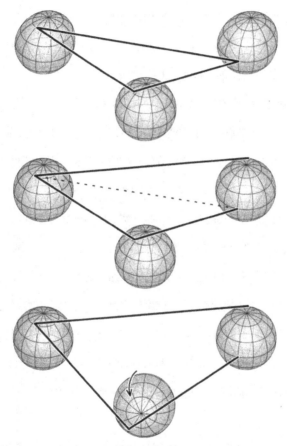

图 5-7　杨 – 米尔斯理论的规范对称性

上：当三角形处于闭合状态时，杨 – 米尔斯场的"磁场"值为 0

中：当三角形处于打开状态时，"磁场"的值不为 0

下：杨 – 米尔斯理论的规范对称性是球面的旋转

穿球面的位置（两个数字）和旋转的角度（一个数字），因此球面的旋转对称性是三维的（图5-8）。因此，一维的圆的旋转对称性是一维的，而二维的球面的旋转对称性是三维的。

温伯格－萨拉姆（Weinberg-Salam）模型统一了电磁力和弱力，是基本粒子标准模型中的重要理论。该理论的规范对称性集成了圆的旋转对称性（一维）和球面的旋转对称性（三维），整体维度为四维。另外，这个四维的对称性说明了四种玻色子的性质，它们分别为传递电磁力的光子和传递弱力的三种粒子 W^+、W^- 和 Z（图5-9）。

此时，维度数与玻色子的种类都是"四"，这绝对不是偶然的。生活在三维空间的我们只要提到圆形的东西，脑海中就只会浮现出圆和球，而杨－米尔斯理论可以在四维、五维、六维等高维度的空间内，思考类似于球面的高对称性货币。例如，解释强力的是八维的规范对称性。另外，与之对应的是传递强力的胶子也有八种。如上所述，货币的对称性的维度与传递力的玻色子的种类一致，正是杨－米尔斯理论的要点。

外尔发现的规范场论，根据杨－米尔斯理论，发展成了自然界中一切力背后的统一理论。

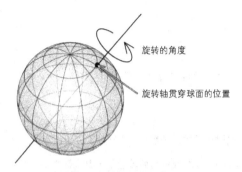

图5-8　球面的旋转对称性是三维的

为了指定球面的旋转方式，需要三个数字，分别是旋转轴
贯穿球面的位置（经度和纬度）和旋转的角度（大小）

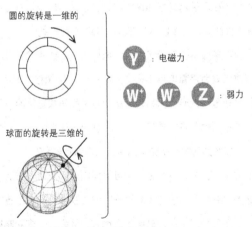

图5-9　温伯格 – 萨拉姆模型

圆的旋转对称性（一维）和球面的旋转对称性（三维）加
起来就是四维的。这个四维的规范对称性说明了 v（光子）
W⁺、W⁻ 和 Z 四种粒子传递电磁力和弱力的性质

小专栏　金本位制与希格斯玻色子

　　既然使用金融市场的例子解释了规范场论，所以我也想用"金本位制"的例子来解释 2012 年发现希格斯玻色子的意义。然而，当我与本书编辑谈及此事时，他却露出不满的表情，对我说："使用汇率还说得过去，如果把金本位制也搬出来的话……"因此，我将希格斯玻色子的内容从正文转移到了这里的专栏。因为这里的内容与超弦理论的解说没有直接关系，所以如果你读不懂的话，可以跳过这部分内容继续往下读。

　　外尔的规范场论不仅解释了引力和电磁力，还说明了强力和弱力。只不过，想要使用弱力需要下点工夫。我们知道，电磁波在真空中能够以光速传播到任何地方，然而弱力只能传播相当于原子核直径的一千分之一左右的距离。不过，如果将规范场论应用于弱力，弱力就能够以光速传播到任何地方了。那么如何才能做到抑制弱力的传播距离呢？

　　在外汇市场中，金本位制是一种可以抑制汇率变动的方法。如果将在全世界流通的"黄金"的价值（金平价）作为基准，来确定各国的货币单位，那么即使出现套汇机会，只要与之比较，就会立刻恢复前后一致的汇率。这样就可以控制汇率的波动。

　　为了解释弱力无法传播到远处，我也想引用金本位制的想法。与外汇市场的货币相对应，先假想出弱力的货币空间。正如金融市场通过引入金本位制，抑制了汇率的波动，弱力也可以通过固定货币的价值，来实现缩短力的传播距离。

　　只要引入金平价，就会破坏转换货币单位的"对称性"。这在物理学上叫作"对称性自发破缺"的现象。从现在追溯到半世纪前，英国的彼得·希格斯（Peter Higgs）将该想法应用于基本粒子模型后，他发现可以预言新的粒子。

　　规范场论和对称性自发破缺是统治基本粒子世界的法则。经过半个世纪，随着 2012 年希格斯玻色子的发现，这一观点终于被实验所验证。

第六章

第一次超弦理论革命

我的前方没有道路，

我的身后走出了道路。

啊，自然哟，

父亲哟，

让我一个人独立自行的伟岸的父亲哟，

请注视并守护我吧。

并常常给我注入父亲的气魄吧。

为了这遥远的路程，

为了这遥远的路程。

高村光太郎《路程》

以前的弦理论只包含玻色子，而超弦理论将费米子也涵盖了进来。美国加州理工学院教授约翰·施瓦茨是超弦理论的创始人之一，他就在我旁边的办公室内进行着科学研究。另外，他还发现该理论包含了引力，并提出使用超弦理论确立终极统一理论的观点。

后来他这样说道："获得这一发现的时候，我就下定决心要为超弦理论的研究奋斗终生！"

但是，此后的道路充满了危险与挑战。在基本粒子论的主流中，超弦理论并不被看好。施瓦茨几乎是单独一人，在任期不定的职场中继续致力于该理论的研究。艰苦奋斗十年之后，他获得了本章中将要解说的重大发现。

汤川秀树在自传《旅人》（角川 Sophia 文库）中写道：

探索未知世界的人们是不带地图的旅人。

科学研究如同在迷失的沙漠中寻找绿洲。因为没有地图，所以不知道去向何方才能走到绿洲。

施瓦茨独自在这条未知的道路上前行，为将超弦理论确立为基本粒子的终极统一理论的候选做出了巨大的贡献，他是一名真正的先驱者。

1. 被抛弃的超弦理论

1974 年是超弦理论发展历史中的一个转折点。第三章中曾说过，这一年，米谷、施瓦茨和谢尔克发现超弦理论是包含引力的。施瓦茨和谢尔克认为，这个理论如果可行的话，那么它将是融合引力和量子力学的终极统一理论。

然而，当施瓦茨下定决心要"为超弦理论的研究奋斗终生"的时候，几乎所有物理学家都没有理睬这个理论。因为在 20 世纪 70 年代中期，存在更热门的研究课题。

那就是基本粒子的标准模型和"量子场论"的研究。所谓量子场论，就是指将量子力学应用于使用电磁场等"场"的理论之中。虽然今天已经确立了基本粒子论的基本方法，但是 20 世纪 60 年代它在解释基本粒子现象，特别是强力和弱力的现象上并无用武之地。

不过在 1970 年，荷兰的赫拉尔杜斯·霍夫特（Gerardus 't Hooft）和马丁努斯·J.G. 韦尔特曼（Martinus J.G. Veltman）根据规范场论证明了，在强力和弱力的理论中能够使用重整化的方法。虽然第二章提到的"无穷大"问题也会出现在强力和弱力之上，但是在霍夫特和韦尔特曼的努力钻研下，处理这个"无穷大"问题以及精密地计算强力和弱力都变成了可能。

自此之后，量子场论成为物理学中强大的理论武器。

首先，美国普林斯顿大学的戴维·格娄斯（David Jonathan Gross）和他的学生弗朗克·韦尔切克（Frank Wilczek）以及哈佛大学的学生戴维·波利策（Hugh David Politzer）于 1973 年使用量子场论解释了强力的重要性质。

例如，由于电子的库仑力与距离的平方成反比，距离越小作用力越大，所以人们曾一度认为，无论什么粒子，它们之间的作用力都会随着距离的缩小而变大。然而，通过加速器实验发现，唯独强力具有随着粒子靠近而变小的性质。强力究竟为什么具备这一不可思议的性质呢？面对这一难题，格娄斯他们利用量子场论对其做出了解释。

另外，关于电磁力与弱力的重大发现也发生在同一年。CERN 的加速器实验确认了，由规范场论和对称性自发破缺来统一这两种力的温伯格 – 萨拉姆理论的重要预言。

于是，量子场论解开了强力和弱力的谜团，可以用标准模型的形式表现出来。之后，量子场论成为了基本粒子论研究的主流。同在这一时期，小林诚和益川敏英发表了关于 CP 对称性破缺的理论。

美国哈佛大学的理论物理学家、量子场论的著名研究者西德尼·科尔曼（Sidney Richard Coleman）回顾当时情形的时候这样说道：

"那是量子场论取得历史性胜利的时代，那是作为基本粒子论研究者感到骄傲的时代。量子场论如同从异国他乡带回来的宝物，在凯旋的游行中大放异彩，沿途的看客为之伟大而有的屏住呼吸，有的发出了愉快的欢呼声。"

对于物理学家们而言，当务之急是开发量子场论的数学方法，从而通过实验验证标准模型。于是，超弦理论被抛到了九霄云外。

虽然超弦理论被置于无人问津的角落，但是如果它与理解标准模型有直接关联，状况也许就完全不同了吧？可是当时人们完全不知道超弦理论引导标准模型的道理。虽然知道超弦理论是包含标准模型中不可缺少的费米子和玻色子两种粒子的理论，但是该理论是九维空间的理论。当时的状况则是无法判断如何导出三维空间的标准模型。

2. 不破坏宇称对称性的 II 型超弦理论

但是，几乎所有研究者都不关心超弦理论，只有施瓦茨一个人相信超弦理论，并继续致力于该理论的研究。从 1974 年开始，到本章中提到的第一次超弦理论革命发生的 1984 年，施瓦茨在超弦理论研究上投入了整整十年的时间。在此期间，施瓦茨在加州理工学院的任期并不稳定，他能够拥有这样的决心放手一搏，确实有足够的勇气。

在施瓦茨开始投入这项孤傲的研究时，超弦理论分为 "I 型" 和 "II 型" 两种。I 型的超弦理论是包含 "开弦和闭弦" 的理论，II 型的超弦理论是只有 "闭弦" 的理论（图 6-1）。

"没有只含'开弦'的理论吗?"你也许会产生这样的疑问。因为只要存在 "开弦"，就必然会有 "闭弦"。让我们想一想开弦的轨迹，例如将开弦画圆似的旋转一周，就会与 "闭弦" 在垂直方向上跳动的效果是一样的（图 6-2）。因此，无论如何都会出现 "闭弦"。只含 "闭弦" 的理论在没有 "开弦" 的条件下也是成立的。

如上所述，在当时的历史背景下，超弦理论共有两种。不过，在

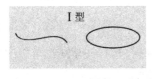

图 6-1　超弦理论的种类

上：Ⅰ型是包含"开弦"和"闭弦"的理论

下：Ⅱ型是只含"闭弦"的理论

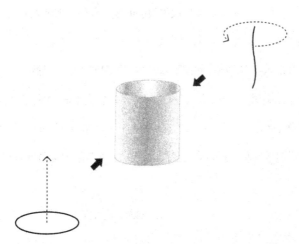

图 6-2　"开弦"旋转一周时的轨迹与"闭弦"垂直运动的轨迹没有区别

只使用"闭弦"的Ⅱ型超弦理论中，无法顺利地组建基本粒子的模型。在三维空间内组建基本粒子模型的时候，遇到了一个难题，那就是不让弱力独有的"P（Parity）破坏"（宇称不守恒）性质发生。

"Parity"指的是"镜像反演"。遵循某一法则出现的自然现象，即使如同映入镜面替换左右，看上去也都符合这一相同法则的时候，我们就可以说该法则具有宇称（Parity）的对称性。直到20世纪中叶，人们都一直深信自然界的基本法则具有一切宇称的对称性。然而，当观察在弱力的作用下原子核发出放射线的时候，我们发现映入镜面的射线朝不同的方向射去。也就是说，弱力破坏了宇称的对称性。

弱力破坏宇称对称性的过程基本如下。我们知道，虽然电子等基本粒子是无限渺小的东西，但是它们都具有自旋（spin）的性质。面向粒子的传播方向，它们自身的旋转方向分为"顺时针"和"逆时针"两种。我们通过观察弱力的现象发现，弱力只作用于顺时针旋转的基本粒子。

当顺时针旋转的基本粒子映入镜面时，看上去粒子仿佛是逆时针旋转的（图6-3）。因此，只要弱力作用于顺时针旋转的基本粒子，看上去就如同镜面中逆时针旋转的基本粒子受到了弱力。因为外侧与镜中的作用方式不同，所以弱力是破坏宇称对称性的粒子。

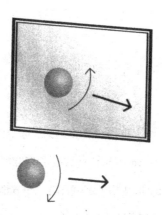

图6-3 当面向传播方向顺时针
　　　旋转的基本粒子映入镜
　　　面时，看上去粒子仿佛
　　　是逆时针旋转的

　　然而，根据 II 型的超弦理论组建三维空间的基本粒子模型，出现了顺时针旋转的基本粒子与逆时针旋转的基本粒子进行替换的对称性。具有对称性说明，外侧与镜中的基本粒子具有相同的性质。这与弱力破坏宇称对称性的事实产生了矛盾。这就是 II 型超弦理论存在的问题。

3. "疾病" 缠身的 I 型超弦理论

　　然而，包含"开弦"的 I 型超弦理论实际上也存在严重的问题。它患上了叫作"反常（anomaly）"的致命性"理论疾病"。

　　第四章中这样讲到，如果弦理论不在二十五维、超弦理论不在九维空间，光子就会具有质量，那么就会与狭义相对论产生矛盾。这是因为，弦的量子摇摆给光子的质量计算带来了重大的影响。

　　如上所述，量子摇摆的结果导致理论丧失协调性就叫作反常。反常导致光子具有质量，理论从而不合乎逻辑，这就使得概率出现了负值或大于 1 的情况。这也可以说因为理论"生病"了，所以失去了协调性。

　　此外，经过更加深入的调查发现，空间即使是九维的， I 型的超弦理论也会出现其他种类的反常。作为引力理论规范场论的广义相对理论，也就是即使改变空间和时间的测量方法，法则也不会改变的重要原理崩溃了。那么，Ⅰ型的超弦理论就不算统一引力和量子力学的理论。

　　Ⅰ型的超弦理论在九维空间内都会出现反常。也就是说，在讨论该理论能否推导出基本粒子的标准模型前，已经疾病缠身破绽百出了。这就是1984年以前人们关于超弦理论的认识。

4. 标准模型的反常被抵消

　　但是，不只是超弦理论，实际上连基本粒子的标准模型也存在"生病"的可能。计算夸克的量子效果，会出现破坏弱力规范对称性的异常。另外，电子和中微子的量子效果也是同样异常的诱因。然而，幸运的是这两种反常会在标准模型中抵消。因为两者的反常效果叠加后为0，所以整体就没有问题了。

　　如第三章中的图3-14所示，夸克一共有六种。在标准模型中，这六种夸克分为三组，每组包含两种夸克，它们分别是"上夸克与下夸

克""粲夸克与奇夸克"和"顶夸克与底夸克"。我们将各个组称为
"世代"。也就是说，夸克有三个世代。"世代"这个词也许会给人一种
家族关系的印象，但这里它只是单纯为了给基本粒子分类的术语。

　　另一方面，六种电子中微子也分为"电子与电子中微子""渺子
（μ子）与μ子中微子"和"陶子（τ子）与τ子中微子"三个世代。

　　如上所述，因为两者的世代数都是一致的"三世代"，所以夸克造
成的反常和电子中微子造成的反常被互相抵消。这就犹如自然已经事
先知道如何达到理论的数学协调性，为了使反常巧妙地互相抵消，调
整了世代数。

　　在解开自然界基本法则的道路上，越是向前迈进，数学协调性的
束缚就变得越强。这也是那些欲从基本原理推导出自然界法则的物理
学家们所期待的。在基本粒子的标准模型的框架内，虽然无法解释夸
克为何是三世代，但是如果夸克的世代数是由某种理由确定的，那么
电子中微子的世代数就是由抵消反常的条件来确定的。

5."三十二维的旋转对称性"

让我们回顾一下 I 型的超弦理论。必须想办法解决异常的问题，治好"理论疾病"……对于正在挑战几乎无人问津的超弦理论的施瓦茨而言，这才是关键。

施瓦茨得到了年轻有为的研究者迈克尔·格林（Michael Green）的帮助，他们二人一同致力于研究这个问题。在美国加州理工学院任教的施瓦茨和在英国伦敦大学玛丽皇后学院任教的格林互相访问，并于每年暑假来到位于美国科罗拉多州的阿斯彭物理中心（Aspen Center for Physics）继续共同的研究。

就这样，他们迎来了 1984 年的夏天。那是施瓦茨发现弦理论包含引力，整整十年后的夏天。施瓦茨在阿斯彭召开了以"高维度的物理"为题的研讨会。当然，格林也参加了此次会议。在会议的休息时间，他们二人都在讨论关于异常的计算。他们一致认为，因为在标准模型中夸克和电子中微子的异常被相互抵消，所以超弦理论中也应该存在抵消异常的方法。

　　有一天，他们二人去听一个研究者的演讲。在前往会场的路上，施瓦茨突发灵感，对格林这样说道：

　　"我觉得，如果选好规范对称性，就可以抵消异常。"

　　在上一章解释规范场论的时候，我们假设了一个货币的空间。电磁力的情况下，货币是一维的圆。电场和磁场的有无不会随着圆的旋转而发生变化。这就是规范场论，圆的旋转对称性就是电磁力的规范对称性。

　　另外，在扩充了电磁力规范场论的杨－米尔斯理论中，可以将高维度的球面视为货币，这种情况下的高维度空间的旋转对称性就是规范对称性。

　　Ⅰ型的超弦理论中也存在这样的规范对称性。而且，考虑旋转对称性的空间可以为任意维度。施瓦茨认为，只有当旋转对称性为特殊维度的时候，异常才会被抵消。

　　即便研究者已经开始做演讲了，格林也还在思考施瓦茨的话。当演讲结束的时候，他转向施瓦茨这样说道：

　　"是三十二维的旋转对称性。"

　　这就是解决了Ⅰ型超弦理论中异常问题的瞬间。但是，格林到底从什么地方将"三十二"这样的数字搬出来的呢？超弦理论的空间维

图 6-4　迈克尔·格林（左，1946—　）和约翰·施瓦茨（1941—　）

度是九维，与之存在密切的联系。如果把时间也包含进去的话，超弦理论的时空就变成了十维。10 被 2 除后就变成了 5，2 的 5 次方等于 32。这是格林在听演讲过程中计算出来的。

　　他们第一次公开这一发现是在喜剧话剧的舞台上。为了加深物理学家之间的交流，格林和施瓦茨在阿斯彭物理中心举办了各种各样的活动。该年的夏季，物理学家们上演了自编自导自演的喜剧，施瓦茨在剧中扮演的角色是科学狂人（Mad scientist）。他刚一登上舞台，就用洪亮的声音喊出了这样的台词：

　　"我发现了终极的统一理论！我研究了九维空间的弦，如果存在三十二维的旋转对称性，只有这种情况下异常才会被抵消掉……"

　　此时，舞台上出现了身着白衣的护士，施瓦茨被护士们用担架抬了出去。

　　其实，即使他不想那样喊出来，这当然也是一项重大的发现。仅仅发现抵消 I 型超弦理论异常的方法就已经非常了不起了，况且还知晓了可以使用的理论只有一个，因此该项发现意义重大。

　　此前的超弦理论是"维度自由"的，而本次理论的空间维度是九维的。与原来的超弦理论相比，维度的唯一确定性是该理论的最大特征。另外，该理论的规范对称性也是唯一确定的"三十二维旋转对称性"。理论物理学家认为"基本法则应该从理论的协调性来确立"，该项发现正好迎合了他们的期待。

　　例如，在基本粒子的标准模型中，对于没有规定粒子的质量和世代数等数值，只能被动接受的理论，我们认为它一点都不美。因为所谓"理论上什么都有可能，而现实却是这样"，在理论上根本无法做出解释。

　　格林和施瓦茨的理论，根据理论的数学协调性确定了唯一的规范对称性，这一点做得非常漂亮。于是，与基本粒子的标准模型相结合的超弦理论被拧成了一股 I 型的超弦理论。

6. 超弦理论与弦理论的"联姻"——杂交弦理论

　　1984 年超弦理论的突破性发展，被称为"第一次超弦理论革命"。在这次"革命"中，除了施瓦茨他们的发现之外，还有两项重大的发现。

　　其中之一便是"杂交弦理论"。

在 I 型的超弦理论中，能够抵消异常的规范对称性仅限于三十二维的旋转对称性。当我们更加细致地观察格林和施瓦茨的这一计算时，发现满足抵消异常条件的规范对称性，其实还存在另外一个。只不过，这种新的对称性无法用空间旋转对称性来表示，在数学中称之为"李群"（Lie 群）中的例外群。但例外群的对称性无法编入 I 型的超弦理论。

但是无论怎样，如果存在另一个满足抵消异常条件的规范对称性，并能够实现的弦理论也是不错的。美国普林斯顿大学的戴维·格娄斯、杰弗里·哈维（Jeffrey Harvey）、爱弥尔·马提尼克和莱恩·罗姆，他们四个人意识到了这样的问题。在此时期，格娄斯是用量子场论来解释强力不可思议性质的物理学家。

普林斯顿大学四人组首先对只含"闭弦"的 II 型超弦理论进行了一番思考和研究。但是，正如上面所述，这一理论中没有破坏宇称对称性，因此无法解释弱力。

于是他们产生了下面"荒谬"的想法。

只要在空间内移动"闭弦"，就会描绘出如同通心粉一般筒状的轨迹。该弦振动起来后，就会在筒上传递波。面向弦的传播方向，波绕筒的方向分为顺时针和逆时针两种（图6-5）。这两种波即时发生碰撞也会穿过彼此，因此可以认为它们是独立的波。

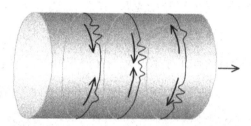

图 6-5　两种理论的"联姻"

面向弦的传播方向，顺时针传递的振动与逆时针
传递的振动，即使发生碰撞也不会崩裂而是穿
过彼此，因此可以认为它们的振动是互相独立
的。杂交弦理论认为，顺时针的波是在"九维 +
格拉斯曼数"的超空间内振动，逆时针的波是在
二十五维的空间内振动

那么，如果认为顺时针波的振动与逆时针波的振动是在各自独立的空间内发生的，又会怎么样呢？

超弦理论认为，弦在"九维 + 格拉斯曼数"的超空间内振动。另一方面，南部和后藤的弦理论只有在二十五维的空间内才有意义。

普林斯顿大学四人组想让这两个理论"联姻"。也就是说，顺时针的波是在"九维 + 格拉斯曼数"的超空间内振动，逆时针的波是在二十五维的空间内振动。这样一来，我们就不知道我们到底生活在哪个空间了。但是，这个四人小组发现，即使认为不同的波在各自的维度内振动，在数学上也不会产生任何矛盾。而且，这样考虑还有不少好处。

第一，与 Ⅱ 型的超弦理论不同，可以破坏宇称的对称性。我们是通过区别顺时针的振动与逆时针的振动而发现这一点的。第二，这个新理论除了满足抵消异常条件的三十二维对称性之外，还有一个规范对称性，也就是说可以实现例外群的对称性。

普林斯顿大学四人组将这个理论命名为"杂交弦理论"（heterotic string theory）。"hetero"是希腊语的接头词，"异质的"意思。这里是将九维的超弦理论与二十五维的弦理论这两种异质的理论组合起来的意思。

我们以为只有将三十二维的旋转对称性作为规范对称性的 I 型超弦理论，才能破坏宇称的对称性，并且可以抵消反常。其实还存在另外一个理论。这也可以说是从"统一理论的唯一性"的期待中，后退一步的发现。但是，这个新的弦理论的发现与之后的超弦理论的巨大发展密切相关。

7. 用"卡拉比－丘成桐空间"紧化九维

第一次超弦理论革命的另外一个划时代的发现是关于维度的。

正如之前所述，超弦理论的空间维度是唯一确定的九维。但是基本粒子的标准模型是三维的理论，因此从超弦理论导出它存在必需六个额外维度的问题。

率先走入这条道路的是美国得克萨斯大学的菲利普·凯德拉（Philip Candelas）、加利福尼亚大学圣巴巴拉分校的加里·霍罗威茨（Gary Horowitz）、曾在普林斯顿高等研究院担任研究员的安地·斯特罗明格（Andrew Strominger）和当时在普林斯顿大学任教的爱德华·威滕（Edward Witten）。特别是威腾，他之后成为了超弦理论研究领域的领军人物，因此接下来本书中将会经常出现他的名字（最初指出格林和施瓦茨解决了异常的问题，也是威腾和他的共同研究者路易斯·沃尔特·阿尔瓦雷茨（Luis Walter Alvarez）。

　　他们用下面的想法，向额外维度的问题发起了挑战。

　　如图 6-6 所示，我们假设有个小丑正在走钢丝。对于只能沿着钢丝前后移动的小丑来说，钢丝是一维的。但是，我们将钢丝放大后发现，有蚂蚁在它的表面上爬行。对于渺小的蚂蚁来说，钢丝的表面是二维的面。不过，这个"第二维度"由于渺小和蜷曲，因此小丑并不知道。也就是说，本来应该具有两个维度的表面，从远处看上去是一维的曲线。

　　由于空间的方向，也就是维度的一部分过于渺小，实质上维度降低的现象叫作"紧化"。这就是紧化额外额度。

　　威腾他们四个人认为，如果将九维的超弦理论也紧化掉多余的六个维度，就应该会变成三维空间的理论。

　　那么，该如何紧化呢？威腾他们调查了能够解释我们所在三维空间的条件。然后，他们发现在六年前的 1978 年，数学家已经找到了紧化时满足该条件的六维空间，并称之为"卡拉比 – 丘成桐空间"（图 6-7）。

图 6-6　小丑看不到渺小且蜷曲的维度

图 6-7　"卡拉比－丘成桐空间"是一个六维的空间，所以
无法照原样在纸上描绘出来。但是，正如三维的立
体可以拍成二维的照片，高维度的物体也可以投影
在二维空间内。将某个方向的"卡拉比－丘成桐空
间"投影到二维平面内，就是这个样子。

　　早在 20 世纪 50 年代，美国宾夕法尼亚大学的欧亨尼奥·卡拉比（Eugenio Calabi）就在数学上提出了存在这种六维空间的猜想。说起"空间"这个词，我们往往会在脑海中浮现出三维空间，而在数学上可以思考任意维度的空间。

　　空间"在数学上存在"的意思如下。例如，平面内内角和为 100 度的三角形在数学上是不存在的，只存在内角和为 180 度的三角形。如果是三角形的话，倒是可以在纸上画图来确认，要是维度升高的话，就只能使用数学进行思考了。2003 年，俄罗斯的数学家佩雷尔曼（Perelman）证明了"庞加莱猜想"，在数学上揭示了满足某种性质的三维空间只存在一种。

　　同样，卡拉比提出了在数学上存在满足某种条件的六维空间的猜想。后来威腾他们发现，利用那种六维空间对九维空间进行紧化后，就能解释我们所在三维空间的性质和其中的基本粒子模型。但是，为了让这台戏的剧情顺利地发展下去，必须在数学上存在卡拉比猜想的六维空间。幸运

图 6-8　丘成桐（1949—　　）

的是，1978 年丘成桐证明了卡拉比猜想。于是这种空间被称为"卡拉比－丘成桐空间"。

解释我们所在三维空间的基本粒子现象的标准模型，包含了各种各样的要素。其中包括三世代的夸克、三世代的电子中微子，作用于它们之间的电磁力、强力和弱力，以及对称性自发破缺的希格斯玻色子等。威腾他们使用"卡拉比－丘成桐空间"，将 I 型的超弦理论和杂交弦理论确定的九维空间，紧化成三维后，出现了上面提到的所有要素。于是，他们从九维的超弦理论出发，走出了推导三维空间基本粒子标准模型的道路。

8. "卡拉比－丘成桐空间"的欧拉数决定"世代数"!

其实，"卡拉比－丘成桐空间"有很多种类。那么，该使用其中的哪种六维空间、三维空间内会出现怎样的基本粒子模型呢？威腾他们已经揭示了一部分它们的对应关系。

例如，标准模型中包括"上夸克与下夸克""粲夸克与奇夸克"和"顶夸克与底夸克"三世代的夸克。他们推导出"世代数"是由"卡拉比－丘成桐空间"的几何学性质决定的。具体来讲，叫作"欧拉数"的数决定了世代的数量。

这个欧拉就是在第四章中登场的数学家欧拉。他也是"拓扑学"这一数学分支的创始人。他通过思考图形在连续变化下不变的性质，研究出了将图形大致分类的方法。

这一观点，经常用咖啡杯和面包圈来解释（图6-9）。虽然乍看之下二者是完全不同的形状，但是让其表面经过连续的变化后，我们会发现咖啡杯变成了面包圈。另一方面，球面无论怎么努力，也就只能变成没有把手的茶杯。因为让表面发生连续变化的时候，无法实现"开洞"的操作。也就是说，从拓扑学的角度看，咖啡杯与面包圈的表面是同一类别的，球面属于其他的种类。

把球面和面包圈表面的差异用数字表示便是欧拉数。球面的欧拉数为2，面包圈表面的欧拉数为0。欧拉数不同的表面是无法让其发生连续变化的。

我来解释一下欧拉数的计算方法。球面和面包圈的表面可以用三角形的组合来表示，并称之为"三角剖分"。例如，我们可以把四个三角形组成的四面体揉搓成一个球面，也就是说，球面可以分割成四个三角形（图6-10）。欧拉数是通过被三角剖分的表面的"面""边"和

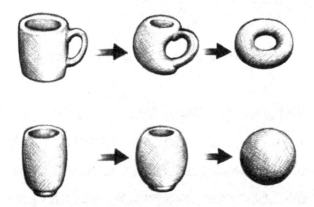

图6-9　在拓扑学上看，咖啡杯与面包圈是一样的，茶杯与
　　　　球面也是一样的

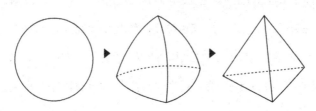

图6-10　三角剖分
球面可以分割成四个三角形

"顶点"的数量计算出来的。计算公式如下：

（欧拉数）=（面的数量）-（边的数量）+（顶点的数量）

球面被分割成四个三角形后，面的数量为 4、边的数量为 6、顶点的数量为 4，因此欧拉数为 2。即使尝试其他的分割方法，也不会改变欧拉数的答案。根据同样的公式计算得出，面包圈表面的欧拉数为 0。

这个公式是用来求解二维平面欧拉数的，但是欧拉数也存在于高维度的空间。那么，六维的"卡拉比－丘成桐空间"的特征对三维的基本粒子模型的性质有何影响，威腾他们通过研究发现，"卡拉比－丘成桐空间"的欧拉数决定了该空间紧化后的三维空间的夸克世代数。确切地说，去掉正负号的欧拉数，即欧拉数的绝对值是夸克世代数的 2 倍。

也就是说，我们三维空间内的夸克世代数之所以为"3"，是因为使用了欧拉数的绝对值为"6"的"卡拉比－丘成桐空间"紧化后造成的。

在基本粒子的标准模型中，夸克的世代数为什么为 3，而不是 2 或 4？这个问题无法解释。实际上，如果夸克的世代数和电子中微子的世代数相等、异常被抵消，那么无论有多少世代，理论上都合乎逻辑。

虽然这么说，但是对于为什么是"3"的这个问题，只要停留在目前的标准模型框架内，大概永远无法找到答案。

当然，威腾他们也不能直接给出这个疑问的答案。但是，他们成功地将基本粒子的世代数问题推向了更加本质的问题。他们把"为什么基本粒子的世代数为3"的这个问题，替换成了"为什么欧拉数的绝对值为6"的几何问题。这个问题还可以这样说：在众多"卡拉比－丘成桐空间"，为什么被选中的是欧拉数绝对值为6的"卡拉比－丘成桐空间?"更加清楚地说是这样：

众多"卡拉比－丘成桐空间"之中，为什么这个"卡拉比－丘成桐空间"被选中了？

这里所说的"这个"是指，紧化后的三维空间中基本粒子的世代数为3。

对于这个问题，数学上存在解答的可能。各种各样的"卡拉比－丘成桐空间"，全是存在于在超弦理论的框架中的一种状态。因此，我们可以设置这样的问题："在这个理论中，为什么这个状态被选中了?"先不说这是多么难以回答的提问，至少它可以起到提示问题的作用。

与之相反，在标准模型中，如果世代数不同，就变成了其他的理论。因为确定了理论也就确定了世代数，所以问为什么标准模型的框架内选中了这个世代数的问题，没有任何意义。

9. 对人择原理的抵抗

那么，在超弦理论中，"卡拉比－丘成桐空间"是如何被挑选的呢？为什么变成我们的三维空间的（而且，基本粒子的世代数为3的）"卡拉比－丘成桐空间"被选中了呢？目前我们还没有找到答案。

就目前来看，存在以下三种可能。

（1）　如果不是这个"卡拉比－丘成桐空间"，理论上就不符合逻辑了。

（2）　在宇宙进化的过程中，从各种各样的"卡拉比－丘成桐空间"中选出了特别的一个。

（3）　所有的"卡拉比－丘成桐空间"都以可能的宇宙姿态存在着。

（3-A）偶然地变成了这个"卡拉比－丘成桐空间"。

（3-B）因为"人择原理"等理由，选择了这个"卡拉比－丘成桐空间"。

基本粒子研究者认为最美的回答是，数学的协调性决定了"必须是这个卡拉比－丘成桐空间"的（1）。与之对立的估计是搬出"人择原理"的（3-B）吧？

人择原理认为，正是人类的存在，才能解释我们这个宇宙的种种特性，包括各个基本自然常数。

太阳与地球之间距离就是一个确定的人择原理论述。地球与太阳相距 1.5 亿千米。如果这个距离太远或太近，地球上就应该不会有人类，甚至都不会诞生生命。水如果成为冰川或者水蒸气，就无法构成生命之源的大海。正因为地球的气候条件、与太阳的距离适宜，我们才会在降生到这颗行星上，也才能够测量出地球与太阳之间的距离。

那么，电磁力的大小、牛顿的引力常数和宇宙的暗能量的总量等又如何呢？例如，只要暗能量的量与现在观测到的值不同，就不会诞生天体和银河系，那么也不会出现我们人类的这种智慧生命。人择原理认为，"在没有智慧生命的宇宙中，也没有观测者。宇宙不是只有一个，存在很多自然常数不同的宇宙，只有存在观测者的宇宙，才能观测自然常数"。

之所以有很多物理学家讨厌人择原理，是因为只要承认了该理论，就会明显削弱理论的预言能力。物理学家期待自然界中存在基本法则，所有的现象都能根据原理推导出来。(3)的版本放弃了一部分这个目标，因此要承认（3）的话，必须对（1）和（2）的可能性充分探究。

不过，自然界的法则并不是由研究者的好恶决定的。关于人择理论的思考，威腾这样曾这样说道：

"我个人更乐意认为它是错的，宇宙被创造出的时候，谁也没有与我商量。"

也许威腾的话有些难懂，其实这个理科笑话的意思是"如果创造宇宙的时候与我商量的话，我就会提出不需要人择理论的法则"。

姑且不论人择原理的好恶，重要的是无论哪个版本，对于在标准模型的框架内不可能解释的世代数起源等问题，根据超弦理论都找到了解决办法。"卡拉比－丘成桐空间"的发现，其实不只是给出了基本粒子世代数问题的答案。电磁力的大小和电子的质量等标准模型硬性给出的所有量，都是由"卡拉比 – 丘成桐空间"的几何学性质决定的。

从超弦理论出发，为了推导出三维空间基本粒子的质量和力的大小等，必须更加深入地理解"卡拉比 – 丘成桐空间"的性质。但是，这个空间的结构极其复杂，还有许多未知的地方。

例如，在"卡拉比 – 丘成桐空间"中，目前连两点间的距离测量公式都无法得知。而测量距离是几何学的基础，英语的"geometry"（几何学）即来源于希腊语的"geo"（地球）和"metria"（测量）。如果连距离都无法测量，后续的计算将无法展开。从第一次超弦理论兴起后的十年间，这个问题的解决方案也是我的研究课题。关于这一点，我将在下一章进行介绍。

小专栏　学术的多样性

　　《生物多样性公约》于 1993 年正式生效，该项国际性公约是以保护生物的多样性、可持续利用生物资源和合理分配利益为目的的。据说现在生物的灭绝速度是人类不干预状态的一千至一万倍，地球生态系统多样性缺失的危机正摆在我们的眼前。也有意见称，生物的多样性对于维持地球环境稳定是非常重要的。

　　在学术的世界里，多样性同样极为重要。最近由于日本和美国的国家财政紧张，研究领域不得不进行"选择和集中"。为了有效利用有限的资金，必然需要做出战略性的分配。但是，如果连研究领域和研究方式的多样性都得不到保障，那么学术研究恐怕会做得很糟糕。

　　例如，在 20 世纪 70 年代量子场论的全盛时期，如果施瓦茨放弃持续不断地研究超弦理论，那么就不会出现第一次超弦理论革命，之后超弦理论也不会有蓬勃的发展了吧。

　　虽说施瓦茨坚持研究要归功于自身强大的意志力，但是也不能忽视支持他的环境。当施瓦茨坚守自己的信念，踏上这条孤傲的道路时，美国加州理工学院的教授默里·盖尔曼〔Murray Gell-Mann〕为他提供了充足的研究费用，确保施瓦茨能够抛开工作任期的后顾之忧，使其安心地继续坚持自己的研究。盖尔曼后来这样说道："我为超弦理论这种濒临灭绝的领域设立了保护区。"此外，来自同一大学的前任校长让·卢·沙梅欧（Jean-Lou Chameau）于 2012 年发表了下面的演讲：

"虽然无法事先预测科学研究会为我们带来什么，但是可以确切地说，真正的革新是在人们能够随心所欲并集中精力去做梦的环境中产生的。"

正是盖尔曼那种无微不至的照顾，使施瓦茨能够随心所欲并集中精力去研究，才掀起了理论物理学领域真正的革新。

第七章

拓扑弦理论

接下来让我们稍微休息一下，我将向大家简单介绍介绍我本人的研究。

1. 无法忘记第一次超弦理论革命给我带来的感动

1984 年超弦理论取得了飞跃的发展，这一年对我来说印象也非常深刻。自从我在少年时代阅读了汤川秀树的传记以来，就对基本粒子理论产生了浓厚的兴趣。1984 年的春天，我进入了京都大学的研究生院，被分配到了基本粒子研究室。那年夏天，格林和施瓦茨发现了反常消除，掀起了第一次超弦理论革命。

刚进入研究生院不久，这样一片新的开拓地就突如其来，我真是太幸运了。这个研究领域几乎无人涉足，仅有施瓦茨一人专注其中，研究者们可以在未来有很多作为。

　　说起来就像美国的西进运动时代。在那个时代，美国四部发生了多次所谓的"Land Run"事件。移民聚集在一起，听到"预备，跑！"的口令后，一齐骑马出发，在土地上做好记号归为己有。其中较为有名的是，发生在1889年俄克拉何马州（Oklahoma）的Land Run。据说大约五万人的移民在自己看中的地方，白白得到了160英亩的土地。

　　1984年当时的超弦理论也成为了先下手为强的研究对象，大家争先恐后地进入了专心致力于这项新研究的状态。

　　现在我们可以在互联网上立即看到最新的论文，然而当时与现在不同，当时需要相当长的时间，才能把刊登到审查杂志前的论文原稿用船寄到日本。虽然我听说美国科罗拉多州的阿斯彭研究所好像有了意外的发现，但是当我读到相关论文的时候，实际上已经是论文发表后的三个月了。三个月的滞后是非常大的障碍，因为超弦理论作为很热门的研究领域，它已经进入了兴盛阶段。

　　那年秋天，京都大学的基础物理研究所召开了基本粒子论的研讨会。因为当时正值威腾他们发表了使用"卡拉比－丘成桐空间"紧化的论文之际，所以必须由人来介绍该文献。不知这个任务怎么就落在了我的头上。推荐我的人好像这么说道："据说大栗正在学习超弦理论，就让他试试吧。"

　　那篇论文似乎刻在了我的心里，实在是太精彩了。论文中用六维的"卡拉比－丘成桐空间"的几何学，解决了标准模型无法回答的夸克世代数等问题。六维空间的几何知晓基本粒子模型的秘密，这是多么美妙的事情。文献介绍原本计划只用 30 分钟，但我由于过于感动，以至于两个多小时都没有介绍完，最后连会议室的暖气都被保安人员中断了。之后在当时所长的盛情邀请下，启用了拥有暖气的所长办公室，我们大约 20 个人热议到了深夜。

2. 在距离都无法测量的空间内能干什么?

　　就这样，我也能够研究这块刚被开垦出来的超弦理论开拓地了。我在读研二的时候取得了一定程度的业绩，硕士毕业后被东京大学物理系录用为助教。说句题外话，现在东京大学的卡弗里数物联携宇宙研究所的所长村山齐，也是那一年作为研究生院的新生进入了东大。此后，我和他还有两次交叉的经历。

　　从京都转移到东京的研究所，我更想从事由超弦理论推导出三维空间基本粒子模型的工作。但是，正如上一章所述，用于紧化的"卡拉比－丘成桐空间"的结构非常复杂，连测量距离的公式还无从知晓。

"距离都无法测量的空间，到底能用来做什么呢？"

我刚成为助教之后，就对访问东京大学的美国著名物理学家这样问道。

而且即使假设我们知道距离的测量方法，解开了那么复杂空间内的弦的运动方程式，计算量子效果也并不简单。不过，东京大学的江口彻、京都大学的梁成吉和 CERN 的研究者安妮·陶尔米纳（Anne Taormina），由"卡拉比－丘成桐空间"内弦的振动推导出了粒子的质量公式。

我在东京大学任教两年半后获得了研究休假，出差到了超弦理论研究的世界中心美国普林斯顿高等研究所。之后，我也曾经一度在芝加哥大学担任副教授，不过一年后我便回国，来到京都大学的数理解析研究所担任副教授。京都大学研究所的氛围，给我之后的研究带来了巨大的影响。

当时，数理解析研究所的所长是佐藤干夫，他是一位创立了"代数分析"这一数学领域的世界级数学家。他曾这样说道：

"'早晨起床的时候，下定决心今天一天要研究数学'的做法是不可取的。必须做到'在思考数学的过程中不知不觉睡着，早晨睁眼的时候已经进入了数学的世界'。"

拜这样一位研究所所长所赐，我获得了可以只专注于研究的绝佳环境，为我踏踏实实地推敲超弦理论的研究方向，创造了良好的机会。"卡拉比－丘成桐空间"非常复杂，连距离的测量方法都无从知晓，针对这种情况，威腾在当时指出了或许能够解决这一问题的事实。只要稍微改变一点弦的振动方式，不用距离的测量方法也可以计算量子效果。如果计算结果事先保证不使用距离的测量方法，那么即使不知道距离的测量公式也没关系。希望女神正在向我们招手。

但是，也存在几个疑问，所谓"稍微改变一点振动方式"，是不是已经改变了最初应该解决的问题？另外，即便假设它有意义，不使用距离测量方法，又将如何具体展开计算呢？我们必须找到这种新方法。

3. 发现了计算方法

正在围绕这个问题冥思苦想的时候，1992年的秋季，我获得了在美国哈佛大学进行为期一年的研究机会。于是我来到了波士顿，制定了开发威腾提出的量子效果计算方法的研究计划。

当时库姆兰·瓦法（Cumrun Vafa）和塞尔吉奥·切科蒂（Sergio Cecotti）都在哈佛大学里。前者曾于1978年出国前往伊朗，后来成为了哈佛大学的教授。后者来自意大利的研究所，正在访问瓦法的团队。他们认为每个"卡拉比－丘成桐空间"并不是各自独立的，正在调研不同的"卡拉比－丘成桐空间"之间的关系。即使不知道"卡拉比－丘成桐空间"中两点间距离的测量方法，也可以测得不同的"卡拉比－丘成桐空间"存在多大的差异。

切科蒂和瓦法使用某一方程式，研究了"卡拉比－丘成桐空间"之间的关系。我看了他们的研究结果后想到，导出这个方程式的想法可以用于更多的领域。在东京大学的时候，我和江口彻他们研究的过程中也用过类似的方程式。于是，每天我都在研究室盯着切科蒂和瓦法的方程式。有一天，在回家的地铁上，我意识到威腾想要计算的量也应该满足同一个方程式。

几天后，我大致看到了方程式的结构，所以与瓦法见面后向他说明了这个想法。我们一边在哈佛大学的自助餐厅吃午饭，一边在餐巾纸上写下算式，经过一番讨论后，就在那里确定了方程式。

$$\bar{\partial}_{\bar{a}} F_g = \frac{1}{2}\overline{C}_{\bar{a}\bar{b}\bar{c}}e^{2K}g^{b\bar{b}}g^{c\bar{c}}\left(D_b D_c F_{g-1} + \sum_r D_b F_r D_c F_{g-r}\right)$$

上图就是当时的方程式，关于方程，我就不做具体的解释了，大家仅了解一下就好了。

接着我们就要解开这个方程式，将该量进行实际的计算。除了瓦法、切科蒂和我之外，米哈伊尔·博沙斯基（Mikhail Bershadsky）也参与了进来。他从戈尔巴乔夫时代的苏联逃亡出来后，在瓦法的研究室担任助教。我们四个人每天都在否定这个那个，面向黑板一讨论就是好几个小时。但是，我们看不到一点进展和希望。

4. 拓扑四人组

转年（1993 年）3 月，美国东部遭到了百年一遇的暴风雪袭击。于是我也只能憋在家里，集中精力观察了好几天方程式。我发现可以用费曼图的方法解开方程式。我在被大雪困在家里的期间，解决了我们四个人讨论了半年的问题。

另外，我还发现如此计算的量，也许可以用来解释在由超弦理论推导出三维的基本粒子模型中发生的某些物理现象。似乎可以给威腾关于"稍微改变一点弦的振动方式"的思考赋予一定的意义。

我们在这一年内开发的计算方法，可以解决叫作"拓扑弦理论"（日文名：位相的弦理論，英文名：topological string theory）的超弦理论的各种问题。上一章介绍了欧拉数，Topology（拓扑学）是指空间发生连续变化而不改变的所谓拓扑不变量及相关特性的学问。因为即使不知道"卡拉比－丘成桐空间"距离的测量方法也可以做计算，所以称之为"Topological"。

之后我也和瓦法继续共同研究，发展拓扑弦理论。随着超弦理论的计算技术不断进步，我也加深了对"卡拉比－丘成桐空间"的几何学性质的理解。

切科蒂出生于意大利北部讲弗留利语的少数民族家庭，他之后投身了意大利的政界，创立了一个党派，与当时飞跃发展的北部同盟联手，当选了弗留利 – 威尼斯朱利亚大区（意大利语：Friuli–Venezia Giulia）的首长。他后来也成为了弗留利中心城市乌迪内的市长，大约在政界活跃了十五年，最近退职后又重返物理学的研究。

博沙斯基与我们共同完成研究后，成为了加拿大多伦多大学的教授。后来他转行进入了金融界，现在纽约近郊的对冲基金（Hedge Fund）公司担任要职。他好像在研究股票市场中“重整化”的应用，因为这是商业机密，所以并没有告诉我。

2010 年，我们四个人迎来了时隔 17 年的重逢机会。那时拍的照片我也附在本书中了（图 7–1）。

5. 加利福尼亚州的第二次超弦理论革命

在美国哈佛大学结束了为期一年研究后，我回到了日本京都大学。这时，我收到了若干个美国大学的任教邀请。关于拓扑弦理论的工作

图7-1　17年后，研究拓扑弦理论的四人组再次相聚。从
　　　　左至右分别是博沙斯基（Bershadsky）、切科蒂
　　　　（Cecotti）、我（Ooguri）和瓦法（Vafa）。因为
　　　　我们的理论按照第一个拉丁字母排序后也被称为
　　　　"BCOV"，所以我们是根据这个顺序排列的

图7-2　1994年到美国加利福尼亚大学伯克利分校任职教
　　　　授时大学校报的相关报道

似乎得到了认可。于是，我选择了加利福尼亚大学伯克利分校，文件提交后不久，我就收到了赴加利福尼亚面试的通知。

到了加州之后，校方为我安排了整整三天的面试。首先，我要依次拜访物理学各个领域教授的办公室，在每个办公室进行一个小时的面试。我觉得他们不仅是在考察我的基本粒子论专门知识，还在观察我是否能与不同学术领域的人进行交流，是否可以和该校的同事和睦相处。也正因为如此，校方除了让我在基本粒子论研究室做演讲之外，还让我在物理学教室的研讨会上发表演讲，这也是人事评估的内容。

对于参加面试的我而言，这种形式的大学访问可以让我了解学校，同时给我机会思考是否真的愿意成为该校的教授。大学也很清楚这一点，不仅准备了面试，还为我安排了与副校长及学校董事的会见，共同商讨了设立研究室需要哪些帮助。

另外，居住环境也是很重要的。逗留期间校方为我安排了与房地产公司一同游览附近房屋的行程。伯克利位于旧金山湾对岸的美丽城市，从大学北部小山的住宅区可以望见金门大桥（Golden Gate Bridge）。

经过这样一番面试后，从 1994 年年底开始我成为了伯克利分校的教授。我在那里与村山齐重逢了，我们曾在东京大学一起打拼过。他研究生毕业后，在东北大学担任助教，当时作为博士后研究员在该校逗留。第二年村山也被录用为副教授，直到我来到加州理工学院之前，我们在同一校园内互相切磋，一起度过了难忘的六年时光。现在我们同在东京大学卡弗里数物联携宇宙研究所，他是所长，我是主任研究员。

我到伯克利任教的时候，1984 年的第一次超弦理论革命经历了 10年。我自身从进入研究生院也正好过了 10 年。想到终于能以教授的身份干大事了，我就充满了斗志。

几个月后，发生了重大事件。我的研究生涯与第一次超弦理论革命同时开启，就在我将要在伯克利创立研究室的时候，第二次超弦理论革命悄然临近。

第八章

第二次超弦理论革命

无论多么可怕，

如果那是真的也没有办法。

请擦亮你的双眼，

明确顺应物理学的规律。

从那些客观存在的现象中，

立即重新站起来。

这是《小岩井农场》中的一节，这首长诗被收录于宫泽贤治的《春与修罗》。贤治在小岩井农场边走边思考，将思索的轨迹用诗的形式记录了下来。

我在研究过程中，从来不事先预想研究的终点。因为研究犹如不带地图游走于沙漠之中，虽然尽快觅得绿洲的渴望十分强烈，但是，如果过早地找到"落脚点"，可能会管中窥豹，只见一斑。

　　我是一名理论物理学家，因此搞研究要用数学的方法。为了推导理论，我在数学的世界里徘徊，有时会走到　个完全想不到的陌生地方。但是，"无论多么可怕，如果那是真的也没有办法"。

　　在第六章中，曾提出下面的问题：

　　在众多"卡拉比－丘成桐空间"之中，

　　为什么这个"卡拉比－丘成桐空间"被选中了？

　　有很多种方法可以把九维空间紧化掉六维，给出我们的三维世界。对应各个方法的不同选择，可能会给出三维空间的各种各样的基本粒子模型。从它们之中，该如何选出我们了解的基本粒子的标准模型呢？

　　威腾对这个问题进行了深入的思考，得出了惊人的结论。而且，他的发现彻底颠覆了我们的空间概念。

1. 威腾的不满

　　1995 年 3 月，位于美国洛杉矶南部的加利福尼亚大学举办了超弦理论的国际会议 Strings' 95（1995 年国际弦理论会议），会上某个人的演讲，改变了之前超弦理论的研究方向。他就是已经在本书中提及过的威腾。

　　威腾作为超弦理论研究的领袖，他在过去发挥了重要的指导作用。例如，威腾指出了包含开弦的 I 型超弦理论中存在异常问题。格林和施瓦茨着手解决这一问题并给出了答案。另外，威腾还亲自参与了"卡拉比－丘成桐空间"紧化的研究工作。因此可以说，在掀起第一次超弦理论革命的三项研究中，他参与了两项。

　　但是，威腾对"第一次革命"成果表示不满。

　　威腾的论文极具冲击力，让我这样的研究生十分感动，但这也只是引领三维空间的基本粒子模型的研究，并没有达成目标。

　　首先，正如第六章所述，无法解释为什么在众多的"卡拉比－丘成桐空间"中选择了这个"卡拉比－丘成桐空间"。

　　其次，在紧化前的九维空间中，存在种类不同的 I 型和 II 型的超弦理论、杂交弦理论与超弦理论。紧化九维空间的时候，也存在各种各样的"卡拉比－丘成桐空间"。这样一来，就有很多种由超弦理论推导出我们三维空间理论的方法。威腾一直期待着利用自然界的基本原理推导出唯一确定的基本粒子模型。对他而言，这并不是让人满意的发展趋势（可是，南部和后藤的二十五维空间的弦理论在考虑量子效果的时候，就会出现真空不稳定的破绽，从而不合乎逻辑。只有与超弦理论"联姻"的时候，才能解决真空不稳定的问题，即杂交弦理论是合乎逻辑的）。

　　根据我本人直接听到的消息，为了解决这一难题，威腾当时描绘了以下的构想。

　　以前我们认为，九维的超弦理论的规范对称性可以为任何维度的旋转对称性。例如，超弦理论可以具有二维或一百维的旋转对称性。但是，施瓦茨和格林注意到异常的问题后，在寻找解决这一难题的方法时，他们发现只有"三十二维的旋转对称性"是符合条件的规范对称性。

　　现在的问题是存在五种九维的超弦理论，把九维空间紧化成三维空间时使用的"卡拉比－丘成桐空间"也有很多种类。各种各样的理

论和空间无法确定唯一性，就像没
有意识到超弦理论的异常时那样，
是不是因为我们还没有彻底研究超
弦理论的自洽性？

　　威腾是这样认为的。也就是说，
随着对超弦理论研究的深入，会发
现更加严重的矛盾，是不是就只有
剩下的理论可选了？

图 8-1　爱德华·威滕（Edward Witten，1951—　　）

2. 一种理论的五种化身

　　于是，威腾假设九维空间的超弦理论全部都是正确的，然后去努
力发现其中的矛盾。如果发现了矛盾，那么所有理论都正确的假设就
是错的。这是证明数学定理的时候，经常使用的"反证法"。他认为这
样做应该可以缩小范围，锁定理论。

　　在Ⅱ型的超弦理中，将九维空间论紧化成三维后不会破坏宇称的
对称性，虽然基本粒子的模型不可用，但是它在数学上是具有整合性

的理论。因为物理学家都有这样的信念："美的理论应该可以应用于自然"，所以威腾认为，就像由包含引力子的"闭弦"构成的Ⅱ型超弦理那样，如果可以统一引力和量子力学的理论合乎逻辑的话，应该会有什么用处。

其实，根据在九维空间内是否破坏宇称（宇称是否守恒），Ⅱ型的超弦理可以分为ⅡA和ⅡB两种。经过再次整理，超弦理论一共有以下五种：

◇Ⅰ型超弦理论……包含"闭弦"和"开弦"

◇ⅡA型超弦理论……只包含"闭弦"，九维空间内不破坏宇称

◇ⅡB型超弦理论……只包含"闭弦"，九维空间内破坏宇称

（但是，紧化成三维空间后，不破坏宇称）

◇两种杂交弦理论……"闭弦"分别在左旋和右旋的空间内振动

（具有三十二维旋转对称性与具有例外群对称性的两种）

威腾期待的是超弦理论在九维空间内就存在矛盾。在使用六维的"卡拉比－丘成桐空间"紧化后的三维空间内，得出基本粒子标准模型的理论合乎逻辑吗？如果合理的话，从超弦理论出发可以导出唯一的

基本粒子标准模型吗?

　　但是,从结论看,威腾无法找出矛盾来。九维空间的五种超弦理论都不存在矛盾。威腾描绘的构想以失望告终。

　　然而,在探寻理论矛盾的过程中,威腾发现了令人震惊的事实。五种超弦理论不仅不存在矛盾,而且它们其实是一个理论的五种化身。

　　例如,虽然用化学符号表示水蒸气、水和冰都是相同的 H_2O,但是只要改变温度和压力,就会出现气体变成液体、液体变成固体的变化。五种超弦理论也与之类似,虽然表面上看完全不同,但是与 H_2O 一样都有共通的源头。威腾发现超弦理论其实也只有一种,五种理论只不过是表现形式不同罢了。

3. 结合两种Ⅱ型理论的"T 对偶性"

　　由此可知,五种超弦理论是互相联系的,其实早在 10 年前的 1985 年,就有研究者发现了其中最简单关系。那就是日本大阪大学的教授吉川圭二和他的研究生山崎真见发现的"T 对偶性"。

　　这一发现展示了九维空间内的Ⅱ A 型理论和Ⅱ B 型理论的关系。

因为是Ⅱ型的理论，所以两者都是仅由"闭弦"构成的。在九维的层面上，ⅡA型与ⅡB型的区别在于是否破坏宇称。

吉川和山崎认为，九维空间是由八维的平坦空间和圆组成的。因为在圆上只能表示角度，所以圆是一维的。因此，可以用表示平坦维度位置的8个数和表示圆上位置的角度数，来表示九维空间的位置。

如果把圆的半径设定为 R，那么 R 可以取任意大小的值。因为将维度看成圆的时候可以紧化，所以无论半径变大还是变小都可以。吉川和山崎发现，将九维的ⅡA型理论紧化成半径为 R 的圆与将九维的ⅡB型理论紧化成半径为 $\frac{1}{R}$ 的圆的情况完全相同。这就是"T对偶性"（图 8-2）。

物理学中经常出现"对偶性"。第二章中也提到了光具有"波粒二象性"。光这个实体既可以理解为波，又可以理解为粒子。其实两种观点都没有错，根据实际情况有时波的性质突出，有时粒子的性质突出。这就是波和粒子的对偶性。

吉川和山崎发现的T对偶性也有下面描述的意思。ⅡA型理论紧化成半径为 R 的圆之后，只要增大 R 的值，就会变回原来平坦的九维空间的ⅡA型理论。只要减小 R 的值，ⅡA型理论就会与紧化成半径为 $\frac{1}{R}$ 的圆的ⅡB型理论相同，ⅡB型的圆半径 $\frac{1}{R}$ 变大后，就是平坦

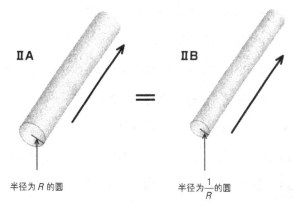

半径为 R 的圆　　　　半径为 $\dfrac{1}{R}$ 的圆

图 8-2　T 对偶性

九维的ⅡA型理论紧化成半径为 R 的圆与九维的ⅡB型理论紧化成半径为 $\dfrac{1}{R}$ 的圆的情况完全相同

的九维空间的ⅡB型理论。

也就是说，通过改变圆的半径，可以实现九维空间的ⅡA型理论变成ⅡB型理论的连续变化。这与第二章中图2-2的实验结果相似。电子数量少的时候，可以认为电子是粒子，电子数量变多后出现了波的性质。在量子力学的"波粒二象性"里，通过改变粒子的数量，相同的电子有时会显示波的性质，有时会显示粒子的性质。同样在超弦理论中，通过改变紧化圆的半径大小，会发生九维空间的ⅡA型理论变成ⅡB型理论的连续变化。这就是T对偶性。

直到1995年发生第二次超弦理论革命的时候，才附加了"T"这个接头词，因为除此之外还发现了各种各样的"对偶性"。为了与"S对偶性"和"U对偶性"等名称加以区别，后来吉川和山崎的对偶性被称为T对偶性。

另外还发现，T对偶性在两种杂交弦理论中也是适用的。杂交弦理论是两种分别具有三十二维旋转对称性和例外群对称性的理论，用圆将两者紧化后，通过改变圆的半径大小，发现两种杂交伦理出现了替换的现象。

如此一来，通过紧化空间的一部分，本来以为不同的ⅡA型和ⅡB型的超弦理论以及两种杂交弦理论之间具有互换性。

但是，这并不是说所有的弦理论都存在这样的关系。Ⅱ型的超弦理论与杂交弦理论就没有这样的关系，还有Ⅰ型的超弦理论。发现了他们所有关系的，别无他人的威腾。

4. 异端之美——十维的超引力理论

威腾发现五种超弦理论之间存在与 T 对偶性相同的关系。为这一发现带来重要启示的是"十维的超引力理论"。超弦理论是九维的理论，那么增加一个维度便是这个理论。

而且这里不是"超弦"而是"超引力"。超引力理论的意思是"具有超对称性的引力理论"。超对称性是指玻色子与费米子互换的对称性。在爱因斯坦的"一般"引力理论中，传递引力的基本粒子的引力子是玻色子。为了让其具有超对称性，必须添加与引力子对应的费米子。让引力理论扩展成具有超对称性的理论就是超引力理论。

超弦理论规定空间的维度为九维，而超引力理论可以为任意维度。超弦理论也可以包含引力成为具有超对称性的一种"九维的超引力理论"。其实，在九维的空间内，所有的超弦理论都包含合乎逻辑的超引力理论。另外，空间维度小于五的超引力理论也大多可以由九维的超弦理论紧化而得到。

但是，十维的超引力理论不能这样得到。虽然可以通过紧化来减少维度，但是好像不能增加多余的维度。因此，十维的超引力理论与超弦理论无关。

另一方面，十维的超引力理论有一个特别之处。

其实，"十"是具有超对称性理论的最大维度。虽然超弦理论规定了空间的维度为九维，但是"具有超对称性"的条件与之相比要简单一些，因此还有九维以外的选择。但是，具有超对称性的空间维度是有上限的。为了具有超对称性，玻色子的数量必须与费米子的数量相同。不过，随着空间维度的提高，这两种粒子的数量会变得不再匹配。因此，最大的维度就是十维。

而且，在十维空间内，只有超引力理论一个具有超对称性的理论。在具有超对称性的理论中，它是最大维度空间内唯一的理论。我们可以说十维的超引力理论是特殊的理论了吧。

虽然无法与超弦理论结合起来的超引力理论如此具有魅力，但是大多数超弦理论研究者不知道该如何处理十维的超引力理论。

第一次超弦理论革命发生三年后的 1987 年，在格林、施瓦茨和威腾撰写的超弦理论教科书中，关于十维的超引力理论也这样写道："在巨大的框架中，这个理论应该发挥怎样的作用？目前很难讲述具有说服力的猜想"。

但是另一方面，书中还写道"很难认为这样的理论不具备任何意义而存在"。该理论是允许有超对称性的最大维度十维中的特别理论。此外，单凭具有超对称性的条件，就能知道理论的所有内容是唯一确定的。因此，物理学家们认为该理论是非常美的理论。

无论在什么世界，都有人觉得多数派不理睬的问题具有魅力。也许特别是英国人具有讨厌结群的气质吧，即使第一次超弦理论革命使超弦理论成为主流，也有研究者致力于超引力理论的研究。

我认为英国的科学家好像具有业余艺术家精神的传统。看到他们，甚至会想到业余爱好有时会变成收入可观的职业。因为是业余的，所以他们不会拘泥于自己的领域。因为是业余，所以即使在不了解的领域失败，也没有关系。因此，他们更容易从事跨领域的研究。因为将研究视为兴趣爱好，所以与其追随流行的课题，不如去开拓自己的道路。我想大多独创性极高的研究源于英国的理由也在于此。

5. 从一维的弦到二维的膜

在格林、施瓦茨和威腾的教科书发行那年，十维的超引力理论打开了巨大的突破口。英国剑桥大学的保罗·汤森德（Paul Townsend）等人在该领域取得了重大的发现。他们发现与十维的超引力理论自洽的不是一维的弦而是"二维的膜"。

这种二维膜被下节提到的米切尔·达夫（Michael Duff）等人（1991年）从十维超引力理论中发现，可被认为是"黑洞解"的高维推广。

这种"黑洞解"的发现是对汤森德等人的二维膜理论作为基本动力学客体这一重大发现的有力支持。

最初黑洞是史瓦兹齐德（Schwarzschild）通过引力的爱因斯坦方程式的解发现的。这个解表示质量集中到某一点上后，它周围的时间和空间将变得扭曲。

史瓦兹齐德发现的黑洞解是三维空间的解，而爱因斯坦方程式可以认为是任何维度的，并可以求解。那么，在更高维度的空间内，尝试解爱因斯坦方程式的时候，结果得到了各种各样的解。爱因斯坦方程式不仅出现了质量集中于一点的解，还出现了如弦一般的一维的解和如膜一般的二维的解。

比如解九维的超弦理论的方程式，得到的解为一维的弦。这里的弦就是超弦理论的弦。根据弦理论思考，只要求解理论的方程式，就会出现原来的弦。如此一来，理论就合乎逻辑了。

在十维的超引力理论中，达夫等人用同样的原理进行了尝试。求解十维空间内的超引力理论的方程式之后，发现基本的解果然是二维的膜。十维的空间内分布着二维的面＝膜，而不是点也不是弦。

汤森德等人认为，在十维的空间内，膜是基本粒子的基本单元。在九维的超弦理论中，基本单元是一维的基本粒子（＝弦）；而在十维的超引力理论中，基本单元是二维的基本粒子（＝膜）。空间提高一个维度后，基本单元的维度也提高了一个维度（图8-3）。于是他们预测量子力学也适用于十维空间。

但是，用二维的膜来构建理论是非常不容易的。

一维的弦在空间中移动形成的轨迹是二维的面。这样就很容易知道它的种类。二维面的拓扑，是完全由第六章中介绍的欧拉数决定的。

然而，二维的膜在空间中的运动轨迹是三维的空间。三维空间的全貌要比二维复杂得多。当然，单凭欧拉数是无从知晓的。如果在三

弦　　　　　　　　　　　　膜

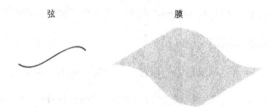

图 8-3　左：在儿维的超弦理论中，弦是基本单元
　　　　右：在十维的超引力理论中，膜是基本单元

十维的超引力理论

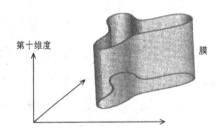

第十维度　　　　　　　　　　　　　膜

九维的超弦理论

弦

图 8-4　把十维的超引力理论紧化成九维的超弦理论

十维空间的膜（上）变成了九维空间的弦（下）。这里的弦与
ⅡA型超弦理论的"闭弦"具有相同的性质

维空间内对拓扑进行分类的话，就可以揭开它的面纱。2003 年被证明的数学难题"庞加莱猜想"也是与三维空间分类有关的问题。为了理解膜的理论，首先必须对三维空间进行分类。物理学家对此手足无措。

6. 可以从十维的理论导出九维的理论吗？

即便如此，汤森德的发现让致力于十维的超引力理论的人们兴奋不已。英国伦敦帝国理工学院的米切尔·达夫（Michael Duff）与当时在 CERN 的稻见武夫等人，发现十维的超引力理论中的二维的膜与九维的超弦理论中的一维的弦之间，存在重要的关系。

他们想了解，使用一维的圆把十维空间的超引力理论紧化成九维空间后，十维空间内的膜会怎样。

这时，膜的两个维度中的一个被紧化圆缠绕。于是空间从十维紧化成九维的同时，膜也从二维紧化成了一维。也就是说，二维的膜变成了一维的弦。根据达夫和稻见的研究，这样出现的弦与九维空间 II A 型超弦理论的"闭弦"具有相同的性质（图 8-4）。

达夫深受这一发现的鼓舞。他认为，十维空间的超引力理论是更加本原的理论，这一发现使证明了九维空间的超弦理论是由该理论紧化而成的。

虽然达夫和汤森德之后仍然继续致力于十维空间的膜的性质研究，但是这个领域的研究没有成为主流课题。当时能够用于这项研究的数学工具有限或许也是其中的理由之一。从超弦理论研究的整体来看，超引力理论只不过是以英国为中心部分地方盛行的课题罢了。

威腾在这种状况下掀起了"革命"，将超引力理论拉上了超弦理论研究的舞台。

7. "强度" 改变维度！

首先，让我们回想一下刚才介绍的 T 对偶性。九维空间紧化后，变成了"八维 + 一维的圆"，ⅡA 型和ⅡB 型的理论就产生了联系。另外，两种杂交弦理论之间也存在 T 对偶性。

威腾认为，十维的超引力理论与九维的超弦理论之间也存在着这种关系。

但是，T 对偶性是由九维向八维的紧化，这次一方是十维，一方是九维。当使用半径为 R 的圆紧化十维空间的时候，"R"相当于九维空间的超弦理论的什么呢？在"八维 + 一维的圆"的情况中，Ⅱ A 型的半径和Ⅱ B 型的半径 $\dfrac{1}{R}$ 是相关联的，但是最初定义超弦理论为"九维"的时候，没有多余的圆，因此也不存在半径。

在九维空间的超弦理论中，应该把紧化十维空间的超引力理论的圆的半径 R 解释成什么量呢？

面对这一问题，威腾给出了自己的答案。他认为，它是作用于九维空间的弦之间的"强度"。

例如，作用于电子间的电磁力的强度是由电子的电荷决定的。在物理学中，像电荷那样表示基本粒子间作用力强度的量叫作"耦合常数"（coupling constant）。

超弦理论也同样存在耦合常数。威腾发现，用半径为 R 的圆对十维空间的超引力理论进行紧化后，变成了九维空间的Ⅱ A 型的超弦理论，此时的耦合常数是由十维空间的半径 R 决定的。

一般情况下，耦合常数小的理论是很简单的。例如电子的情况，如果电荷为 0，电子之间就没有电磁力，因此即使在电磁场中，电子也只会径直前行。在超弦理论中也是一样，只要耦合常数变小，理论就变简单。如图 8-5 所示，这时的耦合常数描述的是九维空间演化的一根弦分成两根、两根弦合并成一根的概率。因此，只要耦合常数变小，也许一根弦就不会出现分裂合并的现象，而是仍然维持原来的状态。

相反，如果耦合常数变大，解释理论就变会变难。因为跳跃的弦会突然与其他的弦合并，然后又分裂成若干条，所以将描绘出十分复杂的费曼图（图 8-6）。我们几乎不可能理解这样的理论。

然而，威腾通过计算发现，只要超弦理论的耦合常数变大，对应的紧化十维的超引力理论的圆半径 R 也会随之变大。

所谓半径变大就是指，变回紧化以前的十维的超引力理论。那么，就无需辛苦地计算耦合常数大的超弦理论，交给超引力理论就可以了。耦合常数越大就越复杂，计算困难的九维的超弦理论在极限的情况下变成了十维的超引力理论，它是极其简单又美的理论。

此外，用圆紧化后的ⅡA型和ⅡB型的超弦理论之间存在的关系（图 8-2），在ⅡA型的超弦理论与十维的超引力理论之间也有。也就是说两者之间存在对偶性。

也许你听说"超弦理论是十维或十一维的理论"。这里的十或者十一是包含了时间的"时空"的维度数。

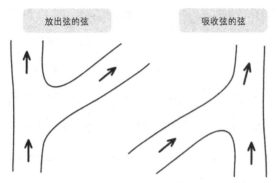

图 8-5　耦合常数

弦中的"耦合常数"是决定弦合并与分裂概率大小的量

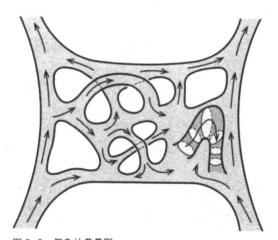

图 8-6　复杂的费曼图

耦合常数变大后,需要描绘出复杂的费曼图,这就为解释理论带来了困难

随着耦合常数变大，"十维时空（＝九维空间）的ⅡA型超弦理论"将会变成"十一维时空（十维空间）的超引力理论"。

这真是应该令人震惊的发现。总之，只要表示强度的耦合常数变大，就会出现之前不存在的另一个维度。而且，通过这个高维度发现，本应无比复杂的超弦理论变成了简单的超引力理论。

在 1995 年国际弦理论会议（Strings'95）上，威腾演讲时说了上面的话，我们听了以后都感到非常吃惊。

而且，当我们以为这就是演讲的高潮时，威腾说道：

"Oh,and there is one more thing."（哦，原来还存在另一个！）

8. "对偶网" 与 M 理论

威腾的话语中还有后续。

他用同样的观察方法对五种超弦理论全做了尝试，结果证明它们都与十维的超引力理论在各种极限的情况下联系在一起。

现在我们称之为"对偶网"（对偶性的 Web）。这个我们熟知的互

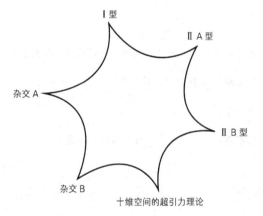

图 8-7　对偶网

杂交 A 和杂交 B 表示两种杂交弦理论

联网用语"网"（Web），本来指的是蜘蛛网。五种超弦理论与超引力理论就如同蜘蛛网一样互相结合在一起（图8-7）。

威腾的发现是"第二次超弦理论革命"的起爆剂。下面总结一下要点：

（1）对偶网将本以为各自独立的五种超弦理论联系起来。
（2）只要耦合常数变大，对偶性就可以将复杂的理论转换成简单的理论。
（3）构建对偶网必须包含十维的超引力理论。

这就暗示了五种超弦理论其实是一个理论的不同表现。但是，威腾并没有在演讲中说明该理论是什么。

后来，他将这个神秘的理论命名为"M理论"。他的论文脚注里这样写道："M的意思可以根据个人喜好理解为Mystery（谜）、Master（统治者）或者Mother（母亲）都没有关系"。也许是为了赞扬英国研究者们的先驱性工作，M代表Membrane（膜）。

9. 维度是什么？空间是什么？

在牛顿力学中，空间和时间是绝对的。该理论认为，空间是发生物理现象的容器，时间在宇宙的任何角落都是一样的。

爱因斯坦改变了这一观点。在狭义相对论中，时间和空间不是绝对的，会根据观测者的相对速度发生伸缩。而且广义相对论说明了，时间和空间的伸缩是引力的起源。

威腾发现了超弦理论的对偶性之后，要求我们需要进一步变更对我们所在空间的认识。虽然ⅡA型超弦理论是九维空间的理论，但是与之有对偶关系的超引力理论是十维空间的理论。这说明只要弦之间的作用强度（耦合常数）变大，就会增加一个维度。

于是"空间到底是什么"变成了一个很热门的问题。

因为单凭改变耦合常数的大小，就可以实现从九维变成十维或从十维变成九维的转换，所以很难认为空间维度是不变的。空间也不是预先就存在的，应该有更加基础的东西，空间只不过是通过它呈现出来的。

　　例如，我们平时感受到的热和冷，测量冷热的是"温度"这个概念。19世纪的物理学家通过研究热和温度，开创了热力学这个领域。但是，到了19世纪后半叶，因电磁学闻名的麦克斯韦和奥地利维也纳大学的路德维希·玻尔兹曼（Ludwig Edward Boltzmann），用分子的运动解释了气体的热和温度。他们发现，研究到分子层面，"温度"的概念就消失了。温度是分子所带能量的平均量度。因为分子是随机运动的，所以能量的值也经常摇摆不定，无法严密地确定（图8-8）。但是，数量庞大的分子聚集在一起后，就可以取到一个与能量的平均近似的值。我们只不过是将其作为温度来感觉罢了。温度并不是根本的概念，它是通过分子运动这一更基本的东西导出来的次级概念。

图8-8　温度只不过是通过分子运动导出来的二维概念

　　根据威腾的发现，空间的维度也会像九维变成十维那样发生变化，因此已经无法让人认为它是根本的东西。如果认为空间不是基本的东西，那么产生空间的基本东西究竟是什么？

小专栏　宇宙数学

威腾的超弦理论研究给物理学和数学的发展带来了巨大的影响。因此他获得了被称为"数学诺贝尔奖"的菲尔兹奖。

从古至今，数学和物理学都密不可分。例如，牛顿为了确立力学与引力体系，必须开发微分和积分的方法。随着科学的进步，我们的眼界不断拓宽，了解各种新鲜事物自然需要新的数学语言。

日本东京大学的卡弗里数学物理联合宇宙研究所的英文名称为"Kavli Institute for the Physics and Mathematics of the Universe"。将其英文名称直译后为"宇宙的物理和数学的卡弗里研究所"。然而，在起这个名字的时候，我们讨论了英语中是否有"Mathematics of the Universe（宇宙数学）"这个词组。

调查结果表明，斯蒂芬·霍金（Stephen William Hawking）和乔治·埃利斯（George F. R. Ellis）撰写了《时空的大尺度结构》，对于这本关于广义相对论的名著，英国的数学物理学家罗杰·彭罗斯（Roger Penrose）在科学杂志《自然》（Nature）投稿的书评标题正是 Mathematics of the Universe。

爱因斯坦的广义相对论正是 20 世纪的宇宙数学。另外，如果说 17 世纪的宇宙数学是作为力学和引力理论基础的牛顿创立的微积分，不会引来什么异议吧？

同理，我认为 21 世纪的宇宙数学就是超弦理论。

从古希腊的欧几里得在《几何原本》中定义点开始，在长达 2300 年的期间，"点"都是几何学的基础。超弦理论以一维的"弦"作为基本单元，该理论很可能会让几何学领域发生根本的变革。也有数学家认为"它的影响力可以同'数的概念由实数向复数扩展'相匹敌"。

最初，用现有的数学知识不一定能理解所有关于基本粒子论和超弦理论的新发展。因此，我们必须在研究的过程中开发出新的数学。然后，通过这样的研究开拓新的数学领域。例如，我们创立的"拓扑弦理论"的方法，目前在世界各地的数学教室内被广泛地研究着。

第九章

空间的呈展性

我们已经习惯了甜和苦、热和冷以及颜色的存在。

然而，现实中存在的却只是原子和真空。

古希腊的哲学家德谟克利特认为，物质所具有的气味、温度和颜色并不是它的基本性质，而是由微观世界中更加本原的法则推导出来的属性。这与上一章最后提到的麦克斯韦和玻尔兹曼对温度的理解，在本质上是一样的。

很遗憾德谟克利特的著作基本上没有被保存下来。这里引用的是"理智"与"感觉"对话的"理智"发言部分。"感觉"的回答如下：

"理智"，你怎么能说出这么愚蠢的话？

你明明通过我来搜集证据，却不把我放在眼里？

　　我们的感觉确实可以感知到气味、温度和颜色。但是它们只是分子或原子表现出来的性质，我们感觉已经习惯了它们的存在，然而那些其实只不过是对感知的一种刻画罢了。正如德谟克利特预言的那样，在微观世界中"现实存在的只是原子和真空"。

　　威腾提出的"对偶网"掀起了第二次超弦理论革命。这次革命阐明了空间与气味、温度和颜色一样，也是由某种更加本原的东西所表现出来的性质。如果说颜色和温度是对感知的一种刻画的话，那么我们赖以生存的空间也仅仅是如此吧？

1. 出现在十维空间内的五维物体

　　威腾的"对偶网"给我们带来了理解五种超弦理论的统一构想，它也成为了我们重新理解和认识超弦理论中"弦"的开端。

　　因为该理论的名称为超弦理论，所以它最初是基于一维弦的理论。然而，威腾的发现表明，这个理论中还包含其他的东西。例如，表示强度的耦合常数变大后，ⅡA型超弦理论会变成十维空间的超引力理论，该理论中没有一维的弦，而是存在二维的膜。

正如上一章所述，求解十维空间的超引力理论的方程式后发现，二维的膜是方程式的解。此外，经过深入调查后发现还有另外一个重要的解。膜的解在质量分布上是二维的，而另外一个解是呈五维的。

十维空间的理论出现了二维的膜和五维的物体。之所以会出现这样的解，是因为在十维的空间中，二维的东西与五维的东西有缘。下面我来简单解释一下其中的理由。

例如，点粒子在我们的三维空间中移动，它描绘出的轨迹是一维的曲线。如果出现其他的粒子，它的轨迹也是一维的曲线。于是两条曲线就可以在三维空间内缠绕在一起。

但是，曲线能够缠绕仅限于空间维度是三维的时候。如果空间是四维的，缠在一起的曲线就会有一条将移动到第四个维度的方向上，进而两条曲线将分开。

因此，在高维度的空间内，两条曲线是无法缠绕在一起的。但是，如果把曲线换成更高维度的东西，即使在高维度的空间内也可以缠绕。例如，在四维空间内，虽然一维的曲线不能互相缠绕，但是一维的曲线与二维的膜可以缠绕在一起。如果空间的维度从三维升高到四维，缠绕的东西的维度总和也增加一个维度，从二维变成三维的话，那么在四维空间内也可以缠绕在一起。

那么，十维空间的超引力理论会怎样呢？空间从三维变成十维的时候，会增加七个维度。因为在三维空间内可以缠绕的两条曲线的维度总和为二维，所以加上七个维度后变成了九维。也就是说，在十维空间内维度总和为九维的时候，就能缠绕在一起。十维空间内存在二维的膜。膜的运动轨迹是三维的。于是，只要存在运动轨迹为六维的东西，三加六等于九维，它们就能缠绕在一起。描绘出六维轨迹的东西是"五维的物体"。因此，在十维空间内二维的膜与五维的物体可以缠绕在一起。作为十维空间的超引力理论的解，二维的膜与五维物体出现的理由就在于此。

2."主角"不再是弦

我们在这里思考一下，用圆把十维空间紧化成九维空间的 Ⅱ A 型超弦理论。

上一章这样写道，十维空间的膜被紧化圆缠绕后，就变成了九维空间内一维的弦。这就是超弦理论中原来的弦。但是，膜并没有必须缠绕圆的"道理"。如果不缠绕圆，膜就会在九维的方向上仍然呈现二维的状态。于是，ⅡA 型超弦理论中也存在二维的膜。

另外，十维空间内也存在五维的物体。如果它与圆缠绕的话，就会在九维的空间内变成四维的物体。但是，这里也没有必须和圆缠绕的道理，如果不缠绕，它在九维空间内也仍然以五维的状态存在。

如果相信威腾所谓九维空间的ⅡA 型超弦理论与十维空间的超引力理论等同的观点，那么ⅡA 型超弦理论中不仅存在一维的弦，还存在二维、四维和五维等各种维度的物体。

同理，根据对偶网ⅡB 型超弦理论中也存在各种维度的物体。

当我跟别人说“我正在研究超弦理论”的时候，他们会问我：“为什么物质的基本单元必须是一维的弦？二维的面和三维的立体不行吗？”在 1995 年以前，我会这样回答：“只有弦可以合理地作物质的基本单元。”

但是，威腾的发现让我们了解到，以弦为基础的理论——超弦理论中出现了各种维度的物体。这样一来，就已经不能说弦是超弦理论的主角了。弦，只不过是作为物质基本单元的各种维度物体中的一员。威腾的“对偶网”让弦退出了主舞台。

但是，在威腾的发现以前，通过解超弦理论的方程式就知道出现了各种维度的解。因为在威腾之前提出二维膜的开拓者之一汤森德，用英语把二维的物体叫作"membrane"（膜），所以用这个单词的第二个音节"brane"将零维的点称为"0-brane"、一维的弦为"1-brane"、二维的膜为"2-brane"、三维的立体为"3-brane"（图 9-1）……也就是说，p 维（p=0, 1, 2…表示维度的整数）的物体就叫作"p-brane"。

汤森德预测在超弦理论中这些"p-brane"非常重要。而且，为了理解超弦理论，他提倡"p-brane 民主主义"，必须同等对待研究所有的 p-brane。

我们要的不是弦的独裁统治，而是所有 brane 的民主主义！

这就是汤森德的口号。

英语的"pea"是"豆"的意思，虽然拼写不同，但是"p-brane"与"pea·brain"读音相同，听上去就是"豆头"（傻瓜的意思）。于是，"p-brane 民主主义"就是"傻瓜的民主主义"，也就是说变成了"群愚政治"。估计这是英国式的拐弯幽默。

0-brane

1-brane

2-brane

3-brane

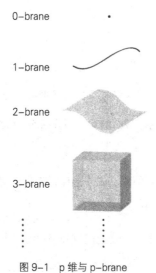

图 9-1　p 维与 p-brane

零维的点 → 0-brane
一维的弦 → 1-brane
二维的膜 → 2-brane
三维的立体 → 3-brane
p 维的物体 → p-brane

3. 开弦缠着 D 膜

物理学家从 20 世纪 70 年代初开始研究超弦理论，到 1995 年的第二次超弦理论革命，已经经过了 25 年的时间。在这期间，他们开发了各种各样的计算技术。例如，第七章介绍的"拓扑弦理论"也是这种计算技术的实例。

然而，关于各种维度的 brane 的计算技术没有什么进步。因此，无法实现"p-brane 民主主义"。

美国加利福尼亚大学圣巴巴拉分校的约瑟夫·搭钦斯基（Joseph Polchinski）解决了这一问题。他发现超弦理论领域中以前被批判的某一想法可以用于 brane 的计算。

这个想法与"开弦"有关。

超弦理论的"五个化身"之一的 I 型是包含闭弦和开弦的理论。开弦有两端，也就是有"端点"。根据 I 型超弦理论，它可以存在于九维空间的任何角落。开弦被认为可以在九维空间中自由飞翔。

然而，经过深入研究开弦的性质后发现，端点可能与其自身的运动方式不同。例如，我们想象一下九维空间中的一维曲线，可以想到端点只在这条曲线上运动的弦。我们再想象一下二维的面，可以想到端点只在面上运动的弦。我们发现，端点并不是在九维空间内任意飞翔的，即使它运动的场所受限，理论上也不会出现什么矛盾。

但是，谁也不知道这意味着什么，没想到需要考虑那样运动的弦。

对于开弦端点的运动方式有若干种选择的这种话，物理学家感到很别扭。大多数物理学家认为"如果存在美的理论，那么就应该有它存在的意义"。20世纪80年代末期，人们才知道开弦端点的运动方式存在多种选择。在九维空间内，如果开弦的端点只在二维的面上运动会怎么样呢？因为无法对此进行预测，所以物理学家们感觉不舒服，并无视了它的存在。

但是，还是有一小部分人坚持要找到这种选择存在的理由。其中之一便是掮钦斯基。根据威腾在1995年的重大发现，大家都认识到超弦理论的"brane"重要性的时候，他发现这种选择可以应用于对brane的理解。

例如，根据汤森德的"p-brane"，

图9-2　约瑟夫·掮钦斯基（1954—　）

ⅡA型超弦理论中二维的膜为"2-brane"。膜在九维空间内的运动轨迹是三维的。掯钦斯基认为，开弦的端点在这个三维的轨迹上运动。在ⅡA型超弦理论中本来只有闭弦，因为二维膜的存在，闭合的弦被膜切开后变成了开弦，开弦的端点直接贴在了膜的轨迹上。如此出现的"开弦"，它的端点只在膜的轨迹上运动（图9-3）。

弦的端点并不是只能存在于二维膜的上面。掯钦斯基认为，开弦的端点可以存在于各种p-brane的轨迹上。另外，他将这种开弦端点贴附的brane命名为"D膜"（D-brane）。"D"来源于19世纪的数学家古斯塔夫·狄利克雷（Gustav Dirichlet）的名字首字母。

利用贴在D膜上的开弦，可以解释膜（brane）的各种性质——这就是掯钦斯基提出的观点。

4. 弦的复活

正如前面所述，英国的汤森德一直致力于十维空间的超引力理论的研究，1987年他提出了物质的基本单元不是点或弦，而是二维膜的观点。但是，由于没有使用膜计算的方法，这一观点成为了以英国为

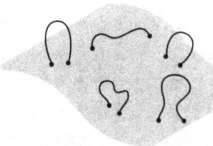

图 9-3　被 D 膜切开的闭弦变成了开弦。开弦的端点贴在
　　　　D 膜上

中心的地方性课题。如果不能用计算做具体解释，什么样的观点都不具有说服力。

D膜解决了这一难题。在掊钦斯基提出使用贴在D膜上的"开弦"可以解释膜性质的观点的数月以后，正如他所料，D膜在解决某一难题的过程中大放异彩，让世人看清了它的威力（具体内容将在下一节陈述）。

从结果来看，D膜实现了汤森德梦寐以求的"p-brane民主主义"。但是，这里的主角是"开弦"。为了平等对待所有的膜（brane），进行膜的相关计算果然需要弦。路易十六世在法国大革命中被处决，经过拿破仑的"雾月政变"后，他的弟弟路易18世恢复了王权。弦的地位变化与这段历史极为相似，在第二次超弦理论革命中弦被拽下了主角的座椅，D膜的发现又让它以"开弦"的形式重返舞台，再度绽放。

顺便介绍一下，据说掊钦斯基是在日本的时候产生了D膜的想法，并为之确认进行了重要的计算。威腾发表了重大发现的数月之后，掊钦斯基应邀参加了在京都大学的基础物理研究所召开的国际会议，他在京都呆了大概一周。在此期间，有一次他将积攒的要洗的衣服带到了投币式洗衣房，在等待洗涤完毕的时间里，他通过计算得出了答案。

这则逸闻也可以这么说，只要有纸和笔，物理学家在哪里都可以搞研究。

5."开弦"是"黑洞的分子"！

接下来我将介绍 D 膜与开弦的活跃表现。

我在第二章描述黑洞的时候曾说过，黑洞的周围存在"视界"。只要进入它的里面，连光都无法逃出去。"视界"的存在使黑洞具备了不可思议的性质。例如，斯蒂芬·霍金发现了"黑洞的蒸发"。关于这一理论，因为我已经在拙著《引力是什么》中做了详细的解说，所以在这里我就简单介绍一下。

图 9-4　斯蒂芬·威廉·霍金（1942—　）

因为连光都无法逃出，所以我们认为黑洞完全是"黑"的。但是，霍金通过包括量子力学效果在内的计算后发现，黑洞具有黑体辐射，发生着蒸发的现象。也就是说，本应黑暗的天体具有"温度"。

那么，正如 19 世纪的麦克斯韦和玻尔兹曼将温度解释成微观世界的分子运动那样，当时产生了以下的疑问：黑洞的温度是否也可以解释为某种更加基础的物体的运动？黑洞是不是也和气体一样，都是由分子组成的？

被预测为"黑洞的分子"的有力候选正是掊钦斯基提出的贴在 D 膜上的开弦。而且，在他公布了发现 D 膜的数月之后，用这种开弦解释了黑洞的温度。

最初我们以为超弦理论中应该存在二维的膜和高维度的膜（brane），求解超弦理论的方程式发现各种维度的空间内都有黑洞的解。解开三维空间的爱因斯坦方程式而得到史瓦兹旭尔得（Schwarzschild）的黑洞解，质量集中于一个"点"，出现了包围它的视界。求解九维空间的超弦理论中相同的方程式后，也发现了质量分布于二维和三维等方向的黑洞解，并出现了包围它们的视界。这就是"2- brane"和"3-brane"。也就是说，p- brane 就是黑洞位于 p 维度方向上的物体，而且具有温度和"视界"。

当时，掊钦斯基与同样来自圣巴巴拉的安地·斯特罗明格（Andrew Strominger），以及与我共同研究拓扑弦理论的哈佛大学的瓦法，使用 D 膜理解黑洞（即 p-brane）得到了首次成功。

他们在量子扰动较小的特殊状况下，使用贴在 D 膜上的开弦，成功地解释了由霍金计算得出预测的黑洞温度的起源。正如麦克斯韦和玻尔兹曼把温度解释成微观世界的分子运动一样，黑洞的温度可以解释为开弦的运动。也就是说，开弦是"黑洞的分子"。

这个研究项目旨在使用一维的弦实现基于点粒子的理论无法解决的引力和量子力学的统一。因此，弦理论不仅仅只具备理论上合理性，如果它不能解开困扰引力和量子力学的谜团，就无法显示出其威力。

但是，在第二次超弦理论革命爆发之前由于理论的准备不足，无法应对黑洞温度起源这样的引力之谜。广义相对论的专家也对我说："超弦理论虽说可以统一引力和量子力学，但是无法解释黑洞，又有什么用？！"

掊钦斯基的 D 膜成为了突破这道壁垒的武器。D 膜将之前连如何思考都不知道的问题转换成开弦的问题，让研究者们可以对超弦理论展开讨论了。

我与博沙斯基（Bershadsky）、切科蒂（Cecotti）、瓦法（Vafa）共同开发的拓扑弦理论的方法也可以应用于黑洞的问题。使用这个理论，即使量子扰动较大，也可以确认霍金的温度计算和 D 膜的计算是高度一致的。

6. 视界是电影的银幕

D 膜的"好处"不仅如此。它也给我们带来了关于引力和空间的重大发现，并且颠覆了我们之前的认识。

黑洞被视界包围着，它的里面应该存在空间。另外，该空间应该封闭着各种各样的粒子。回顾一下麦克斯韦和玻尔兹曼将温度解释为三维空间内分子的运动，若想理解黑洞的温度，自然会调查视界内部封闭着的粒子运动。

然而，通过掊钦斯基的 D 膜发现开弦是"黑洞的分子"，开弦的端点不在视界的内部，而是贴在它的表面。这是怎么回事呢？

又如之前所述，黑洞是 II 型的超弦理论的 p-brane 分布在 p 维度方向上的物体。II 型的超弦理论原本只包含"闭弦"。所以认为黑洞的分子是"开弦"就有些不可思议了。

其实我们可以这样理解，具体如下。

只要 II 型超弦理论的闭弦在视界的外侧，我们从远方就应该可以看到它的整体。然而，当弦横切于视界的时候，我们看到的只是视界外侧的一部分（图 9-5）。这样就和端点贴在 D 膜上的情况一样，看起来好像是端点贴在视界上的"开弦"。这就是开弦不在视界的内部，而是贴在表面的理由。

另外，正如斯特罗明格和瓦法所想，贴在视界上的开弦可以解释黑洞的性质。也就是说，黑洞的分子不在黑洞的内部，而在它的表面。

然而，还有另外一个不可思议之处。在超弦理论中，传递引力的引力子应该是源于闭弦的振动。这是米谷、谢尔克和施瓦茨在 1974 年发现的事实。但是，开弦不包含引力子。也就是说，在贴于视界上的分子世界中没有引力。

可以使用贴在视界上的开弦动力学理解黑洞内部的情况。注意，开弦中不包含引力子。通过这么奇妙的事实，我们又产生了新的理解和认识。

单凭观察黑洞的表面就可以了解它的内部。

这个观点认为，视界就如同电影的银幕，通过银幕上的信息就可以解释黑洞内部的一切（图 9-6）。

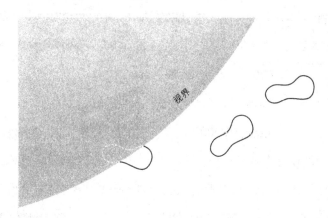

图9-5 看上去如"开弦"的"闭弦"

Ⅱ型超弦理论只包含闭弦。但是，当弦横切于视界的时候，因为我们从外面无法看到内部，所以看上去如同开弦贴在视界上

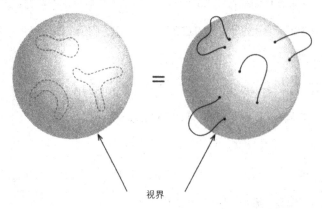

视界

图9-6 "黑洞的分子"是"开弦"

根据贴在视界上的开弦，可以理解黑洞内部的样子

7. 引力的全息术（holography）

黑洞的"视界"内部的性质，可以用贴在它表面的开弦进行解释。原籍阿根廷的理论物理学家胡安·马尔达塞纳（Juan Maldacena）将这一事实的对应关系用数学的形式表示了出来。他透过视界附近发生的现象，从中抽取出了本质的内容。

图9-7　胡安·马丁·马尔达塞纳（Juan Martin Maldacena，1968—　）

下面举例说明一下马尔达塞纳的发现。因为是对应等价关系，所以是将两种等价的描述进行比较。其中一方为九维空间的 Ⅱ B 型超弦理论，另外一方为三维空间的量子场论。

超弦理论使用的是"反德西特空间"上定义的弦理论，至于它具体是什么在这里并不重要。这是 Ⅱ B 型超弦理论，所以当然是闭弦的理论，同时也包含引力。

另一方面，与之对应的三维空间的量子场论，不包含引力。

也就是说，用三维空间不包含引力的理论，可以解释九维空间的引力理论。这就是马尔达塞纳从 D 膜的作用中抽取出的对应关系（反德西特空间用英语表示为 Anti-de Sitter Space，简称"AdS 空间"。三维空间的量子场论为"共形场论"（Conformal Field Theony），简称 CFT。因此马尔达塞纳的对应关系叫作"AdS/CFT 对偶"）。

因为从九维和三维的层面上或许难于理解，所以我们把"九维 / 三维"的组合替换成"三维 / 二维"后，进行比喻说明。

假设现在你正在房间内阅读这本书。当然，你的周围是存在引力作用的。也就是说，你正在经历的是三维空间内包含引力的现象。如果将马尔达塞纳的对偶应用于此，你的经历可以投影到房间的墙壁、天花板和地板，即包围房间的二维面上而表现出来。而且，三维的房间中虽然存在引力的作用，但是投影到二维的墙壁和天花板之后，就没有了引力的作用。

马尔达塞纳的对偶关系，使霍夫特（'t Hooft，因开发出强力和弱力重整化方法而获得诺贝尔奖的物理学家）和萨斯坎德（也在第三章中出场的弦理论创始人之一）在第二次超弦理论革命爆发之前提出的观点变得精确。当时他们对引力和量子力学的统一进行了深入的思考，并预测某一空间中的引力现象，可以通过投影到在这个空间内设置的银幕上，从而理解为银幕上的现象。例如，三维空间的引力现象可以看作是二维世界的现象。而且，二维世界的现象中不包含引力。

借用光学术语"全息图"（hologram，三维立体图像可以由记录在二维平面上的干涉条纹再现），这个观点被命名为"引力的全息原理"。

8. 空间的呈展性

黑洞的温度既可以通过霍金使用的引力理论计算出来，又可以根据斯特罗明格和瓦法提出的"视界"上不包含引力的理论计算出来。虽然前者包含引力、后者不包含引力，但是得到了相同的答案。马尔达塞纳仔细地研究了霍金的计算与斯特罗明格和瓦法的计算之间的关系，从而发现了马尔达塞纳对偶。

马尔达塞纳认为，九维空间的超弦理论与三维空间的量子理论是等同的。"等同"是指在解释物理现象的时候，无论使用哪个理论进行计算，都会得到相同的答案。这应该令人感到吃惊吧？毕竟前者包含引力，而后者不包含引力。而且，两者的维度是完全不同的。

　　牛顿的力学认为，空间就如同演员登场前的戏剧舞台，事先就存在了。物质就好像在设定好的舞台（空间）上施展演技的演员。

　　然而，爱因斯坦的广义相对论表明，空间不是物理现象发生的容器，它与其中的引力作用存在密切的关系。不过，爱因斯坦的理论也同样认为空间是基本的概念。总之，为了确定理论必须事先设定好维度。

　　但是，根据威腾的"对偶网"，只要改变表示弦之间作用强度的耦合常数，九维空间的超弦理论就会变成十维空间的超引力理论。简直就像升高固态的冰的温度使其融化成液体的水一样，只要改变耦合常数，空间的维度就会发生增减。

　　此外，根据马尔达塞纳对偶，包含引力的九维空间理论与不包含引力的三维空间理论，是完全等同的关系。因为即使使用维度不同的理论进行计算也会得到相同的答案，所以空间到底最初是什么值得你我深思。

　　正如之前解释过多遍的"温度"，它是分子运动表现出来的次级概念。在基础理论层面上，并不存在这一概念，因此可以说它是一种呈展特性。

　　超弦理论的发展同样表明，"空间"也不是基础的东西，而是次级的概念。

在增大九维空间的ⅡA型超弦理论的耦合常数，变成十维空间的超引力理论的过程中，可以认为新增加的一个维度是由九维空间弦的运动而表现出来的。如同分子的运动表现出温度一样，弦的运动产生了新的空间。

通过马尔达塞纳对偶还发现，计算三维空间内粒子与反粒子成对产生和湮灭的效果后出现了新的六维，全部加在一起变成了九维的ⅡB型超弦理论。三维空间的量子场论中既没有弦，也没有引力。然而，该理论却与九维空间的超弦理论等同。因此，三维空间增加的六维空间也不是本质的东西，只不过是三维空间量子场论计算表现出来的次级概念罢了。

第三章中曾讲到，有人提出了"弦是由什么组成"的疑问。那时我这样写道："我们先按照弦是万物的基本单元这一想法继续讲述。"讲述到马尔达塞纳对偶的时候，不用说弦，就连其运动的空间也是由更加基础的东西表现出来的。

当然，在我们的日常生活中，温度是一个很方便的概念，在一定程度上是有意义的。空间也同样，有某种程度范围内有意义。我们也能感觉到引力。但是，来到微观世界的基础理论层面上，温度、空间以及其中的引力就都不是本质的东西了。一切都只是宏观世界的我们感觉到的呈展现象。

9. 被证实的预言

　　像三维空间的量子场论与九维空间的超弦理论那样，虽然空间的维度以及引力有无都不同，但是两种理论是等同的。也许你会认为马尔达塞纳对偶有些荒唐。但是，从马尔达塞纳对偶的提出到现在的 16 年里，这种对应关系被拿到各个方面去讨论并逐渐被认可，因为理论上确实如此。现在包含马尔达塞纳对偶在内的引力的全息原理，已经确定了基本粒子论的主流地位。

　　其中的证据之一就是他的论文引用次数在不断增加。在基本粒子物理学的领域，直到最近引用次数最多的是史蒂文·温伯格（Steven Weinberg）于 1967 年发表的论文（他曾提出统一电磁力和弱力的"Weinberg-Salam 模型"）。这篇论文也荣获了诺贝尔物理学奖。然而到了 2010 年，马尔达塞纳的论文超过了温伯格的论文，占据了历代引用次数的第一位。

　　根据 2012 年引用次数的统计，马尔达塞纳的论文引用次数为 8544

次。即使拿出这么多的论文进行讨论，也不会动摇其内容的正确性。

该年引用次数排在历代第二位的是温伯格的论文，引用次数为7161 次。排在第三位的也是获得过诺贝尔物理学奖的小林诚和益川敏英关于提出解释"CP 对称性破缺"的论文，引用次数为 6351 次。第四位是威腾对马尔达塞纳对偶解释得容易理解，并使用这种对应关系开发计算方法的论文，引用次数为 5760 次。也就是说，历代的第一位和第四位都是关于马尔达塞纳对偶的论文。

此外，我的论文也被大量引用。到目前为止，引用次数最多的论文大概有 3000 次，那篇论文也与引力的全息原理有关。

引力的全息原理之所以得到了广泛认可，是因为大家没有想到这个理论，而且它能够应用于理论物理学的各种问题。

在认为包含引力的理论和不包含引力的理论是等同的全息原理应用中，存在两种方向。

一是，阐明关于引力和量子力学统一的深奥问题。例如，将霍金指出的黑洞之谜转换到不含引力的理论中，并能够解决这一难题。关于这个谜团，虽然之前讲到的斯特罗明格和瓦法在工作中已经解决了部分难题，但是只要使用引力的全息原理，连计算都不需要问题就自然会迎刃而解。

　　二是，开发求解不含引力的量子场论问题的计算技术。即使不包含引力，也存在很多技术上难以解决的问题。通过全息原理将这种问题转换到引力理论中，让用爱因斯坦确立的几何学方法解决问题成为了可能。

　　让我们以夸克－胶子等离子体（Quark-Gluon Plasma）的性质来举例说明。

　　2005年4月，位于美国纽约长岛的布鲁克海文国家实验室（BNL）使用粒子加速器进行"重离子对撞实验"，释放了质子和中子中的夸克，产生了等离子态的。我们觉得这个等离子体再现了宇宙初期的物质状态，但实际产生的这种物态却具有惊人的性质。夸克－胶子等离子体基本上没有流体的黏性，是所谓的"理想流体"。

　　夸克之间存在非常强的作用力，变成等离子态和失去黏性其实都是意外。而且，它的黏性比目前在地球上发现的任何物质都低。

　　然而，在公布这个实验结果的一年前，使用引力的全息原理预言了这个现象。创造夸克－胶子等离子体的实验，验证了超弦理论的预言。因此在布鲁克海文国家实验室的记者见面会上，美国能源部副部长雷蒙德·奥巴赫发表了以下的讲话。

"完全没有想到超弦理论与重离子对撞实验的关系，让人激动不已。"

由 CERN 的 LHC 开展的最新实验，也以很高的精度验证了，使用引力的全息原理计算出黏性的值。物理学的进步就是，用实验验证理论上的预言，用理论解释实验中发现的新事实。因此这一发现可以说是向前迈进了一大步。

10. 空间是由什么组成的?

但是，即使根据马尔达塞纳的发现，也还没有达到完全理解空间的地步。空间明显不是基本的东西。例如，我们也知道，可以让十维空间的超引力理论与二维空间不含引力的理论或者五维空间不含引力的理论建立起联系。不过，现在还未阐明协调这些不同理论之间关系的统一原理。

有无引力的理论如同网一样，以一定的关系联系在一起，其中的任一理论都不是基础。我们期待这背后存在某种更加本原的理论，将这些理论结合成一张网，但是我们现在还不知道这个理论是什么。

本章的开头引用了德谟克利特的话。如果将那段话用于超弦理论，就会变成下面的样子吧。

我们已经习惯了引力、维度以及空间的存在。

然而，现实中存在的却只是……

我们还不知道应该放入这个"……"中的词语。引力、维度和空间确实是呈展，关于它们是由什么组成的问题，我们还没有根本的理解。阐明这一问题是今后的一大课题。超弦理论还是一个发展中的理论。

Oh，Maldacena！

超弦理论领域每年都会召开叫作"Strings"的国际会议。作为第二次超弦理论革命的开端，威腾的演讲就发表于 1995 年召开的 Strings'95。我也每年都会被邀发表演讲，因此我也打算答谢超弦理论团体，到目前为止我已经担任过两届会议的组织委员。

我第一次担任组织委员是在 1998 年召开 Strings'98 的时候，那届会议是在加利福尼亚州的圣巴巴拉进行的。

在加利福尼亚大学的圣巴巴拉分校，有一个由美国国家科学基金会资助运行的卡弗里理论物理研究所。研究所前之所以冠以"卡弗里"（Kavli）这个名称，是因为与东京大学的卡弗里数学物理联合宇宙研究所一样，它们都接受了卡弗里财团的捐助。顺便介绍一下，我在加州理工学院的职业被称为"卡弗里讲席教授"，这也是由卡弗里财团捐献而设立的教授职业。

1998 年 1 月至 6 月的半年内，我在这个圣巴巴拉分校的研究所举办了超弦理论的研究会，目的是对近期该理论的发展做一总结。

当初提出在圣巴巴拉举办超弦理论研究会的方案时，是计划总结1995 年的第二次超弦理论革命。然而，在研究会开始的数月前，马尔达塞纳（Maldacena）的发现让研究会的课题也全都变成了"引力的全息原理"。我们每天都积极讨论，通过参与者的共同研究不断开发出新的计算技术，接二连三地解决了以前很难触及的问题。研究会取得圆满成功。

研讨会的录像已经发布到了网页上。虽然现在任何地方的研究所都在这么做，但是在我的领域中，这还是第一次尝试。好像世界各地的研究所都在收看圣巴巴拉研讨会的直播，有时候会有大量的电子邮件向研讨会发来，提出各种问题。

在研究会最后召开的 Strings'98 中，半数以上邀请演讲的也是关于马尔达塞纳的研究。他的发现征服了超弦理论的学会。

会议晚宴的讲话代表是现任芝加哥大学教授的杰弗里·哈维（Jeffrey Harvey）。作为发现杂交弦理论四人组中的一员，他用一首另填新词的歌代替了自己的发言。当时西班牙河边人二重唱（Los Del Rio）的歌曲 *Macarena*（玛卡雷娜）风靡全球。该歌曲的舞蹈"Macarena Dance"（玛卡雷娜舞）也十分流行。哈维唱的重新填词的 *Maldacena*（马尔达塞纳）。

让我们从 brane 开始吧　　brane 是 BPS

靠近 brane　　空间是 AdS

我完全不懂这是什么

Oh, Maldacena !

伴着这首另填新词的歌曲，好几百人的超弦理论研究者跳起了玛卡雷娜舞。《纽约时报》的报道称"舞蹈的新维度，思考者的玛卡雷娜"。

第十章

时间是什么？

实际存在的物体都应该具有四个维度。

他们分别是长、宽、高,以及——时间。

……

在时间和空间的三个维度之间,

除了我们的意识沿着时间转移这一点之外,

没有任何差别。

　　这是赫伯特·乔治·威尔斯(Herbert George Wells)的科幻小说《时间机器》(*The Time Machine*)开头的章节,时间旅行者将朋友召集到自己家的客厅里,开始对他们说起了时空的话题。

　　威尔斯的这部小说出版于 1895 年。当时,爱因斯坦正处于瑞士联邦理工学院入学考试失败后的失学状态中。他发表狭义相对论是 10 年之后的事。

　　当然，将时间和空间组合起来的四维时空概念并不是威尔斯独到的见解。时间和空间不是独立的观点，在19世纪末期被知识分子们广泛议论。当然，将这一观点提升到时间和空间伸缩的狭义相对论的高度，是爱因斯坦独创的。但是，威尔斯的小说表明，爱因斯坦的天才构想也不是和时代精神没有关系的。

　　上一章讲到，正如温度的概念是分子运动表现出来的，空间自身也只不过是弦运动所表现出来的。如果真如威尔斯所说，"在时间和空间的三个维度之间，除了我们的意识沿着时间转移这一点之外，没有任何差别"，那么我们会认为时间也是由某种更加本原的东西表现出来的次级概念。

　　如果空间是呈展的，那么时间也是呈展的吧？

1. 空间是什么？

　　威腾的"对偶网"表明，空间的维度存在变化。另外，马尔达塞纳对偶让我们了解到，即使是同一现象也会因看法不同而出现空间维度的变化。

那么，最初的空间是什么呢？因为之前都是站在物理学的立场来思考问题的，所以我试着问了数学家的见解。

我："空间是什么?"

数学家："空间是集合的一种。"

当我向数学家提出这个问题的时候，经常会被冷眼相待，得到这样的答案。集合是一堆东西。在数学层面上，因为空间是点的集合，所以空间确实是集合的一种。因此，数学家回答得没错，不过这也太笼统了。

我："空间是哪种集合呢?"

数学家："是区别近的东西和远的东西的集合。"

其实，数学定义空间时候的要点是区别两点间的远近。所谓近就是指关系紧密，远就是指关系疏远。也可以说空间就是"关系网络"。

于是空间的维度就是网络铺开的方式。

我们可以把一列人视为排列成一维的状态。在这种情况下，队列中的你只能与紧挨着的前边和后边的两个人直接说话。那么，当人变成二维的时候又会怎样呢？例如，小学开晨会的时候，小学生要在校园里列队，队列中的一名小学生除了可以跟前后的人说话，还可以与左右的人说话，也就是说能与他直接说话的有四个人。如果能够将队列调整成具有长宽高的三个维度，那么他除了能与前后左右的人说话之外，还可以与上下的人说话，因此能与他直接说话的有六个人。在这样的例子中，只要提高维度，产生关系的人数就会增加。

但是，根据状况的不同，也可以出现更多能够说话的人。虽然我们生活在三维的空间里，但是在互联网的帮助下，我们基本上可以与地球上的 70 亿人直接联系。如果将维度视为关系网络如何铺开的指标，那么根据状况的不同即使出现维度的变化也没有关系。

对偶网和马尔达塞纳对偶显示，维度不同的状况存在联系，这就表明空间的概念并不是不变的。但是，现在还未确立协调各种维度理论的统一原理。这意味着还不能说时空概念的第三次革命已经完结。而且，还存在另外一大难题，那就是关于时间的疑问。

2. 时间是什么?

　　爱因斯坦的狭义相对论和广义相对论，都不认为一维的时间和三维的空间是各自独立的，而是将二者组合起来视为四维的时空。如果空间和时间不是独立的，而且空间是呈展的话，那么时间也应如此吧?

　　我们感觉自己是在一维直线那样的时间中，从过去到未来，沿着一个方向前进。对于空间来说，我们可以靠自己的意志去不同的地方，但是如果我们不是时间旅行者，就无法在时间中来来往往。

　　但是，也许时间的感觉也是呈展的。

　　第三章也讲到过，人类从很久以前就感觉"上下"是特殊的方向。世间万物都是自上而下地下落。亚里士多德认为，这是因为上下方向具有本质的意思。

　　但是，我们之所以感觉上下是特殊的方向，是因为我们受到了地球引力的影响。如果进入宇宙空间，上下等概念就会消失，那里没有什么本质的意思。

那么，在从过去到未来沿着一个方向前进的时间概念中，存在本质的意思吗？

无论是物理学、化学、还是生物学，自然科学的基础之中都有"因果律"的观点。只要知道了某一瞬间的状态，就可以根据自然规律预测所有未来发生的事情。这种观点认为，过去的状态也可以根据现在的状态推导出来。如果某一时刻的状态决定了过去和未来，那么过去和未来与现在就不是独立存在的。

爱因斯坦的狭义相对论，让这样关于过去、现在和未来区别的疑问变得更加尖锐。

根据狭义相对论会出现以下的情况，在某一观测者看来是同时发生的两个现象，在其他观测者眼里它们却是在不同时间内发生的。例如，我乘坐时速为 50 公里的山手线的时候，看到车厢的前后门同时打开，分别走出一位乘务员。但是，对于从车厢外面观察这一画面的人来说，前后门看上去不是同时打开的。山手线使用的是 E231 系电车，因为车厢的长度大概是 20 米，所以前面（车辆行进方向）的门会晚开 30 万亿分之 1 秒（图 10-1）。虽然时间差微乎其微，但是这显示了对于不同的观测者来说，过去、现在和未来的区别是不同的。

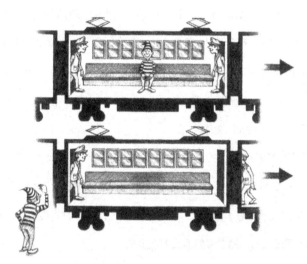

图 10-1　乘坐电车的人看到车厢的前后门同时打开，乘务员
　　　　　走了进来。但是从电车外观察，这一幕看上去不是
　　　　　同时发生的。狭义相对论认为，这种"同时性"会
　　　　　因观测的方法不同而发生改变

过去已经失去，未来仍还存在。有观点认为，存在的只是现在。但是，这种观点与狭义相对论相悖。如果不同的观测者对"现在"有不同的解释，那么过去和未来也应该必须和现在以同样的意义存在。

而且，如果考虑到引力的结构，甚至会想到时间本来就无法存在。

爱因斯坦的广义相对论认为，引力是通过空间和时间的伸缩进行传递的。这一基本原理认为，物理上可以观察的量不会随着空间和时间观测方法的不同而改变。

我们物理学家认为，某一时间的物理状态会根据物理学的法则，随着时间发展而发生变化。无论是牛顿的力学法则、麦克斯韦的电磁力方程式，还是基本粒子标准模型的方程式，某一时间被赋予的状态都可以通过沿时间轴发展的形式表现出来。

但是，广义相对论要求物理状态不因时间的测量方法不同而改变。

例如，你现在读完的文章，是我在公元 2013 年 5 月 29 日晚上 9 点 32 分 16 秒完稿的。但是，这个美国西海岸夏季时间，只不过是我那位于加利福尼亚的书房墙壁上挂着的钟表，测得的时间罢了。广义相对论认为，物理状态不因时间的测量方法不同而改变，因此无论使用怎样的时间测量方法，我的状态都必须相同。如果用爱因斯坦的引力方程式来表示，就是即使时间前行我的状态也不发生变化。我感觉到时间在发展——例如，从那个时刻开始到现在，我写了 247 个字——根据广义相对论，这也许仅仅是我的感觉。

爱因斯坦自身认为，过去、现在和未来没有区别。爱因斯坦死于 1955 年 4 月，在他生命的最后一个月，接到了在瑞士理工学院读书时结交的挚友米歇尔·贝索（Michele Besso）的讣告。爱因斯坦给贝索的家人送去了以下的悼词。

"贝索比我稍微早些离开了这个奇妙的世界，这并没有什么。我们这些物理学的信奉者心里清楚，过去、现在和未来的区别只不过是难以消除的感觉而已。"

3. 为什么时间有"方向"

但是，时间的本质不是单凭这样的哲学观察而知晓的。

关于黑洞的研究阐明了，所谓"空间的呈展性"的引力全息原理。因此，为了解开黑洞之谜，必须深入思考"空间是什么"。但是，通过之前的超弦理论研究，并未发现时间像空间那样时有时无的例子。

如果在"空间是什么"的理解中，黑洞的研究发挥了作用，那么为了理解"时间是什么"，该研究什么才好呢？

我认为时间是"宇宙的开始"。宇宙是如何开始的问题是本书开头提出的疑问之一，这个疑问也是关于"时间的开始"的。如果宇宙有开始，"以前"就是没有时间的。那么，宇宙开始的时候，时间是如何诞生的呢？

在宇宙开始与时间性质的关系中，存在关于时间方向的疑问。虽然我们感觉自己从过去向未来迈进，但是解释我们日常经历的法则不会选择时间的方向。如果我们将遵循自然界的法则而发生的现象用录像机拍摄下来，即使倒放录像，画面看上去也如同遵循相同法则而发生的现象。也就是说，自然法则中存在过去和未来的对称性（在微观世界的法则中，颠倒时间的方向会破坏对称性。如果在颠倒的时候宇称左右相互替换，粒子与反粒子也相互替换，那么依然是对称的）。

那么，为什么我们感觉自己在时间确定的方向上前进呢？我们不知道明天会发生什么。也没有谁会制定昨天的计划。时间为什么具有方向？过去和未来不对称的原因是什么呢？

在基本法则的层面上，即使过去和未来是对称的，现实的现象也会破坏这种对称性。例如，咖啡杯掉到地板上摔得粉碎的时候，记述这一现象的法则即使将时间的方向倒过来也成立。地板上的碎片突然跃起聚在一块恢复成原来的咖啡杯，即使存在这样的现象也似乎没有关系（图 10-2）。但是，不会发生这样的现象。在现象的层面上，过去与未来不对称。

这是因为与变成碎片掉在地板上的状态相比，破裂前的咖啡杯处于高秩序状态。从概率上讲，容易发生高秩序状态变成低秩序状态的现象，难以发生相反的现象。

对于宇宙整体而言，时间也是具有方向的。宇宙大爆炸发生之后，宇宙不断膨胀和冷却，在此期间出现了银河、星球、地球，地球上诞生了人类。解释时间方向的一个观点认为，宇宙的开始是高秩序状态。以高秩序状态开始的宇宙，经历了失去秩序的过程，也承认时间具有方向。宇宙的历史，或许与咖啡杯掉到地板上摔得粉碎的过程相似。

就如同"上下"没有本质的意思，时间的方向也不是时间本质的性质，也许这是因为宇宙的开始碰巧是高秩序的状态吧。但是，这只不过是将"为什么时间具有方向"的疑问置换成了"为什么宇宙的开始是高秩序状态"的问题罢了。

而且，仔细想想发现，宇宙的开始是高秩序状态，简直不可思议。初期宇宙处于高温高密度的状态，基本粒子是任意运动的。认为它是

图 10-2　摔得粉碎的咖啡杯（低秩序）不会恢复原来的状态（高秩序）

一种完全没有秩序的状态更为自然。如果解释时间的方向必须考虑高秩序状态，就需要作为根据的理论。我们认为它是统一引力和量子力学的理论，超弦理论可以在该理论中大放异彩。

之前关于超弦理论的研究，逐渐集中到了九维空间紧化那样的时间不变现象上来。但是，在将超弦理论应用于宇宙的开始问题的时候，我们必须深思应该如何对待超弦理论中的时间。这也应该成为了解开关于时间的各种谜团的契机。

4. 知晓宇宙开始的引力波和中微子

幸运的是，近十年来直接观测宇宙开始状态的技术取得了巨大的进步。例如，2013 年 3 月普朗克卫星首次公布了观测结果（图 10-3）。普朗克卫星是用来精密观测"宇宙微波背景辐射"的。微波被称为宇宙大爆炸的余火，充满了整个宇宙。根据测得数据的分析，确定了宇宙的年龄为 138 亿年。这个数值与 30 年前天文学家推测的值相差两倍，用三位有效数字表示宇宙年龄是很大的进步。

另外，通过普朗克卫星的观测，也弄清了在本书第一章登场的暗

COBE 实验：1992 年 4 月公布（2006 年诺贝尔物理学奖）

WMAP 实验：2003 年 2 月公布

普朗克实验：2013 年 3 月公布

图 10-3　宇宙微波背景辐射观测技术的进步

上：COBE 实验首次确认了背景辐射的温度涨落

中：WMAP 实验使测定温度涨落的定量变成可能。确定了宇宙的暗能量的存在和它的值

下：普朗克实验将更加精密地测定温度涨落变成可能

物质和暗能量的所占宇宙物质组成的正确百分比。

　　普朗克卫星科研团队还对宇宙微波背景辐射的偏振光，进行着数据分析工作。有一种预测认为宇宙大爆炸之前，宇宙就像通货膨胀一样经历了呈指数函数的膨胀时代。因此，有一种观点认为，背景辐射的偏振光是重要的信息来源。包括我在内的很多研究者都期待并等待着该团队下次公布的内容，或许能够证实这一预测的正确与否（在做本书的二校的过程中，有报告称南极的阿蒙森－斯科特站（Amundsen－Scott）的南极望远镜观测到了背景辐射的偏振光。虽然这次观测到的偏振光并不是原初宇宙产生，而是之后形成的银河等天体引力使背景辐射传递方式发生变化的，但是作为原初宇宙现象起源的偏振光的研究却迈出了重要的一步。在今后的数年间，我们期待通过观察背景辐射的偏振光，关于原初宇宙的理解取得更大进步）。

　　超弦理论的基本原理可以推导出原初宇宙通货膨胀似的状态吗？如果能够推导出来，那么我们可以做出何种预言呢？这样的问题是现在的研究热门。正如基本粒子论中存在标准模型，宇宙论里也应该存在各种各样的理论模型。如果我们知道其中的超弦理论能够推导出对某些可观测物理量的判断方法，超弦理论的验证也应该会向前迈进。我自己通过与哈佛大学的瓦法共同研究，正在推进研究超弦理论导出的有关宇宙论模型中可能限制。

　　但是，普朗克卫星正在观测的是宇宙诞生后经过了 38 万年的样子。宇宙初期曾经历了充满电子从原子核分离后的等离子体的时代。因为电子和原子核都是带有电荷的，所以电磁波和光无法径直通过。随着宇宙膨胀、温度降低，电子与原子核组合变成了中性的原子，于是宇宙终于"放晴"了。宇宙放晴之后变得透明，光可以直接通过，此时宇宙已经经过了 38 万年。宇宙之前的信息一般来说是不能通过电磁波和光的观测获得。因此，使用宇宙微波背景辐射的观测来验证暴涨宇宙论也必然是间接的。

　　但是，并不是没有直接观测 38 万年以前宇宙的方法。该方法使用的不是电磁场的波——电磁波，而是引力的波——"引力波"。

　　无论使用什么东西都无法阻挡引力。引力波应该连宇宙初期电子和原子核的等离子体都能够穿透。那么宇宙诞生之后紧接着引力波也应该从宇宙的所有方向传递到了地球。如果能够抓住引力波，我们也许就能看到宇宙诞生的瞬间。

　　目前有多个观测引力波的计划，其中包括加州理工学院和麻省理工学院合作的研究课题"LIGO"、日本的"KAGRA"、意大利的"VIRGO"和德国的"GEO"。因为这些引力波观测站都具有若干千米的长度，所以对于观测黑洞等天体放出的引力波十分便利，但是它们不适合用于检测宇宙开始之后产生的所谓原初引力波。

但是，未来也会使用人造卫星在宇宙空间观测引力波的计划。日本的"DECIGO"计划就是其中之一，如果能够完成的话，我们就可以期待看到宇宙诞生。

还有另外一个了解宇宙开始状态的方法。刚刚诞生的宇宙中存在很多大爆炸过程中产生的中微子这一基本粒子。因为该粒子不带电，所以不会与电子发生作用。于是它与引力波一样，在宇宙处于等离子态的时候也应该不受任何物体的阻碍，能够自由飞翔。

关于中微子的研究发现，宇宙在比 38 万年前还要早的时候就变成了透明的。计算结果显示，宇宙诞生仅仅一秒后，中微子就开始自由地飞翔。另外，那时释放的中微子分布到了宇宙整体的任何角落。

如果可以观察到这种"宇宙背景中微子"，就能够直接看到宇宙诞生一秒后的样子。实际上，存在这种中微子遍布宇宙的间接证据。不过，因为它的能量极低，目前还无法直接检测出来。1987 年日本的KAMIOKANDE（超级神冈探测器）捕捉到了超新星爆炸放出的中微子，小柴昌俊因此获得了诺贝尔奖。但是，因为那是具有高能量飞翔的中微子，所以可以看到它的反应。

另外，有人提出了中微子是不是暗物质的疑问。过去也存在暗物质的候选，但由于无法解释宇宙膨胀降温时物质聚集成银河的样子，因此认为中微子不是暗物质的主要要素。

为了检测出能量低的宇宙背景中微子，需要更加新颖的想法。我也经常在从研究室回家的途中，一边仰望着夜空，一边思考如何才能检测出宇宙背景中微子。大家也试着思考一下吧。

5. 继续挑战超弦理论

超弦理论是基本粒子物理学中终极统一理论的候选。但是，因为尚未通过实验和观测得到充分的验证，所以并没有将其确立为自然法则。

一般物理学的基本理论常常要经过很长时间才能够得到证实。例如，牛顿的万有引力定律经过了大约 100 年，才通过卡文迪什（Cavendish）的精密实验得到验证。爱因斯坦的 $E=mc^2$ 通过科克罗夫特（Cockcroft）和沃尔顿（Walton）的实验得到验证，也是在该公式公布 27 年之后的事。2012 年 CERN 发现了希格斯玻色子，它存在的预言出现在半个世纪前的 1964 年。

但是，现在进行的实验和观测很可能与超弦理论的验证相关。如果使用人造卫星检测出引力波的话，那么超弦理论就会与实验和观测正式形成对峙吧。我们理论研究者也在开发新的计算技术，提高超弦理论的预言能力，努力给实验和观测带来启示。

至于超弦理论能否被确认为自然的基本法则，我们必须等待。但是，从现状来看，它是包含引力和量子力学，且在数学上合乎逻辑的唯一理论。

◇统一了引力和量子力学，会发生什么？

◇基本粒子的标准模型是如何根据这样的理论推导出来的？

◇利用这样的理论，如何解开黑洞之谜？

◇针对宇宙开始这样的问题，该如何探究才好？

◇时间和空间的本质是什么？

对于这些本原性的问题，在数学上合乎逻辑的框架中，超弦理论为我们提供了思考方法。假设这个理论最终没有被确立为自然的法则，由研究超弦理论得到的关于引力和量子力学的深刻理解，也应该会留下很多有价值的东西。

例如，"引力的全息原理"就是马尔达塞纳对偶经过 16 年的研究成果。不仅限于超弦理论，只要是包括引力和量子力学的合理理论，就必须在任何地方都成立。

如果"时间是呈展的吗"等思辨的问题也通过超弦理论进行思考，应该会对宇宙开始和进化的理解有所帮助。

超弦理论的研究从开始到现在经历了 40 年，它给空间和其中引力的思考方式带来了巨大影响，该理论的发展将继续到什么时候呢？也出现了以下的担心趋向：该理论的研究是不是变得过于困难？发现最初的终极统一理论等目标是否超越了人类的智慧？

但是，我认为该领域今后会取得更大的进步。

我这么想的根据之一就是，从学生进入研究生院到能够写出超弦理论论文的年数，与我读研时的 30 年前以及现在都是一样的。在这 30 年间，超弦理论取得了巨大的进步。当然，年轻的研究者从开始学习到自己写出论文，应该学习的内容比过去增加了很多。但是，新入学的学生仅仅用了和以前学生相同的年数，就能够奔赴到这一领域的最前线。我认为这既说明年轻人为了加深我们对理论的理解，高效地学习了之前的成果，又证明了超弦理论的研究还未达到人类智力的极限。

如果接近了极限，学生追逐最尖端科学所花费的时间应该会不断增加。现阶段还看不到这样的征兆，因此我们可以期待更大的进步。

古罗马哲学家、诗人提图斯·卢克莱修·卡鲁斯（Titus Lucretius Carus）的叙事诗《物性论》的第五卷，议论了各种物质的起源。其中下面一节认为"神话"不可靠，宇宙是有起源的，恐怕这是最古老的记录。这种观点与现在的大爆炸理论存在共通之处。

他认为，如果宇宙没有诞生的起源、过去是永恒的话，那么应该存在特洛伊灭亡以前的历史记录。当被问及它们消失于何处的时候，是这样记述的。

　　但是，我认为宇宙是新的，世界还年轻，

　　因为诞生的并不那么古老。

　　正因为如此，到今天某种文艺仍然取得进步，

　　现在还在发展。

理解自然界最基本的法则——具有如此野心的超弦理论，可以说"还年轻，诞生的并不那么古老"。

关于自然界基本法则的探究，为我们深入思考置身于广袤宇宙的

有关我们存在的意义带来契机。我们理解引力全息原理的时候，仿佛颠覆了之前的世界观。超弦理论中还有很多我们不知道的内容。对于研究者而言，也存在很多应该挑战的问题。为了弄清空间是什么和时间是什么，我们的研究之旅仍在继续。请关注这个领域的进一步发展。

后　记

　　今年正值讲谈社 Blue Backs 创刊 50 周年，几乎和我的年龄一样。我在小学高年级的时候，阅读了当时都筑卓司刚出版的关于相对论、量子力学和统计物理学的书，于是我对物理学产生了浓厚的兴趣。因此，自从将物理学研究作为自己的职业以来，我就想有一天要把自己的研究课题写入 Blue Backs。

　　在这一年里，我在幻冬舍出版了两本新书，它们分别是关于引力世界的《引力是什么》和关于基本粒子世界的《强力和弱力》。本书的主题是统一这两个世界的超弦理论，能够在 Blue Backs 中出版实现了我多年的愿望。

　　因为超弦理论尚未得到实验的验证，所以也有人会问"能说它是科学吗"。在这种时候，我常常引用卡尔·波普尔（Karl Popper）的著作《科学发现的逻辑》，"可证伪性"是科学与非科学的界线。也就是说，要看超弦理论是否有可证伪性。但是，正如波普尔批评"非科学"的马克思历史学和弗洛伊德心理学那样，他认为这些理论无论思考怎样的假想实验都似乎无法反证，所以与超弦理论的情况是不同的。

作为亲临自然科学现场的研究者，我认为科学的方法要分以下几个步骤。

一、思考解释这个世界的所有假说。

二、收集发生在这个世界中的现象的数据。

三、从假说中选出与数据最吻合的一个。

超弦理论是同时符合引力现象数据和基本粒子现象数据的唯一假说。这种将二者无矛盾地组合起来的方法经过了几十年的探究，它是依次淘汰其他备选理论之后残存下来的理论。科学是想法的自由市场，研究者收集强有力的想法和美的想法之后将其延伸发展。本书也旨在宣传这种研究者在实践研究过程中所能体会和感受的那一种旁观者难以体会的经历和享受。

在 Blue Backs 创刊 50 周年之际，本书的封面首次将书名竖排。完成原稿后，编辑部"想用竖排书名的方式表达，日语的力量连超弦理论这种最尖端物理学也能解说得如此深刻"。至于本书的题目是否令人振奋，我尊重读者的判断。

继前两部作品之后，本书的编辑也得到了冈田仁志的协助，我要在此对他表示感谢。Blue Backs 出版部的山岸浩史在构思阶段给我提出了各种建议。在原稿的推敲、交稿以及完成最后的校对阶段，他也和我齐心协力。讲谈社儿童图书第二出版部的成清久美子认真阅读原稿并给出了有益的评论。我也要对这两位表示衷心的感谢。

前两部作品的插图几乎都是我自己画的。这次我也负责了肖像图，但是其他的插图是由专业人士完成的。负责图表的齐藤绫认真学习了本书的内容，连我那些细微的要求他也耐心地做好了应对。另外，因为我从小学时代开始就有"提到 Blue Backs 就是小丑的插图"这样的印象，所以我看到齐藤绫一画出有趣的插图非常开心。

借此机会，我要向朝日文化中心新宿教室的神宫司英子表示谢意。从去年春季到今年，我在新宿教室做了五次讲座，当时的经历给前两部作品以及本书的撰写带来了很大的帮助。以新宿教室为开端诞生了村山齐的《宇宙由什么组成的》（幻冬舍新书）等很多优秀科学解说书，神宫司在日本的科学普及方面发挥着重要的作用。

能够从事超弦理论这样的基础科学研究，我要感谢国家的支持。我认为基础科学的研究者不能忘记感谢各国的纳税人。我也是带着这种谢意撰写本书的。

40 年前的我读了 Blue Backs 后立志要走上科学的道路，我期待通过本书让年轻人提高对科学的兴趣。

2013 年 7 月
第一次超弦理论革命的舞台——美国科罗拉多州阿斯彭物理中心
大栗博司

附录　欧拉的公式

$$1+2+3+4+5+6+7+8+\cdots=-\frac{1}{12} \qquad ①$$

这是在第四章中登场的欧拉公式，它是无数个正整数相加得到负数结果的奇怪等式。下面我来介绍一下这个公式是如何求得的。

我将列举中学水平和大学水平两种推导方法。

中学数学的推导

首先介绍一下用中学数学推导的直观方法。因为这是一种冒险的计算，所以注重数学严密性的人也许会觉得"这个方法有些不严谨"。我会在后半部分，为这些读者做出更精确的推导。

首先，我们使用中学的代数，创建下面的等式。

$$(1-x)(1+x)=1-x^2$$

$$(1-x)(1+x+x^2)=1-x^3$$

$$(1-x)(1+x+x^2+x^3)=1-x^4$$

只要把括号打开依次展开后，正负的 x 的 1 次方、2 次方、3 次方就会相互抵消，因此如果等式左边的右侧括号内加到 x 的 n 次方，那么等式右边就会剩下 x 的 $(n+1)$ 次方这一项。即：

$$(1-x)(1+x+x^2+x^3+\cdots+x^n)=1-x^{n+1}$$

在该等式中，假设 $-1<x<1$，只要不断增大 n 的值，右边的 $1-x^{n+1}$ 中的 x^{n+1} 就会变小，当 n 增大到无穷大的极值，它将变成 0。于是，

$$(1-x)(1+x+x^2+x^3+\cdots)=1$$

这里的 $1+x+x^2+x^3+\cdots$ 是 x 的乘方无限相加下去的意思。这个等式两边同时除以（$1-x$）后就变成了下面的等式。

$$1+x+x^2+x^3+\cdots=\frac{1}{1-x} \qquad ②$$

接下来，等式左边的 2 次方将是

$$(1+x+x^2+x^3+\cdots)(1+x+x^2+x^3+\cdots)$$

依次展开后将变成 1 个 x 的 0 次方、2 个 1 次方、3 个 2 次方、4 个 3 次方……即：

$$(1+x+x^2+x^3+\cdots)(1+x+x^2+x^3+\cdots)=1+2x+3x^2+4x^3+\cdots$$

然后，等式②右边的 2 次方，与之相等。即：

$$1+2x+3x^2+4x^3+\cdots=\frac{1}{(1-x)^2}$$

懂微积分的人应该知道，即使将等式②两边 x 进行微分，也会得到相同的等式。

欧拉假设上述等式中的 $x=-1$，这就刚好打破等式②的前提条件"$-1<x<1$"，因此这是一种违规的做法。但是，经过这种尝试也发现了某些事实。当 $x=-1$ 时，得到了以下的等式。

$$1-2+3-4+5-6+\cdots=\frac{1}{4} \qquad ③$$

虽然数字的绝对值不断变大，但是由于正负符号的存在而相互抵消，最终得到了 $\frac{1}{4}$ 这个答案。在数学中，这样的做法叫作"条件收敛"。

从数字的排列看，这个计算寻求的答案一目了然。如果将左边的负号都变成正号的话，就变成了"$1+2+3+4+5+6+\cdots$"。

在等式③的左边，因为偶数位的数字前面是负号，所以将其变成正号后，就把应该减去的数字相加了。因此为了纠正这个错误，如果我们将偶数位的总和扩大到 2 倍，就应该与原来的等式相等。即：

$$1-2+3-4+5-6+\cdots=（1+2+3+4+\cdots）-2\times(2+4+6+\cdots)$$

又因为 $2+4+6+\cdots=2\times(1+2+3+\cdots)$，

因此

$$1-2+3-4+5-6+\cdots$$

$$=（1+2+3+4+\cdots）-2\times2\times(1+2+3+4+\cdots)$$

$$=-3\times(1+2+3+4+\cdots)$$

因为这个等式与等式③的右边相等，所以两边都除以 -3 后，将得到下面的等式：

$$1+2+3+4+5+6+7+8+\cdots=-\frac{1}{12}$$

这样我们就推导出了欧拉公式①。

大学数学的推导

但是，上述这种推导是不够严谨的。接下来，让我们用大学的解析开拓对其进行解释说明。然后再解释为什么中学数学的推导也是正确的。

为了更好地表述无限相加，让我们来看一下复数 s 的函数 $\zeta(s)$。

$$\zeta(s)=1+\frac{1}{2^s}+\frac{1}{3^s}+\frac{1}{4^s}+\frac{1}{5^s}+\cdots \quad ④$$

只要 s 的实部比 1 大，这个和就是一个有限的值。例如：

$$\zeta(2)=1+\frac{1}{2^2}+\frac{1}{3^2}+\frac{1}{4^2}+\frac{1}{5^2}+\cdots$$

这个函数的计算是由 17 世纪的意大利数学家提出的，当时的顶尖数学家相继向其发出挑战，但都以失败告终。一个世纪以后，欧拉发现这个无限和等于 $\frac{\pi^2}{6}$，当时 28 岁的他因此一举成名。

1859 年德国的数学家波恩哈德·黎曼（Bernhard Riemann）发表了题为"在给定大小之下的素数个数"的论文。他想到了这个函数 $\zeta(s)$ 的解析开拓，阐明了 $\zeta(s)$ 的值与 $\zeta(1-s)$ 的值之间的关系。只要使用黎曼的关系式，即使 s 的实部比 1 小，也能够计算 $\zeta(s)$ 的值。因此，这个函数被称为黎曼的 ζ 函数。

根据等式④，我们想要计算的 $1+2+3+4+5+\cdots$ 为 $\zeta(-1)$，它与 $\zeta(2)$ 的关系符合黎曼的关系式。因此，如果使用欧拉的成名作 $\zeta(2)=\frac{\pi^2}{6}$，就会得出 $\zeta(-1)=-\frac{1}{12}$ 的结果。

另外，黎曼的 $\zeta(s)$ 是为了调查质数的分布。在他 1859 年发表的论文中，黎曼提出了关于 $\zeta(s)$ 性质的一个猜想。黎曼的这个猜想尚未被证明，它是基础数学最重要的课题之一。大卫·希尔伯特（David Hilbert）于 1900 年提出的 23 个问题，以及克雷数学研究所于 2000 年公布的千禧年大奖难题都收录了这一课题。

为什么"中学数学的推导"是正确的

当我们使用中学数学推导欧拉公式的时候，会出现无穷大的问题。即便如此它仍然正确的理由如下。让我们再想一个与刚才定义的 ζ 函数 $\zeta(s)$ 相似的函数。

$$\underline{\zeta}(s)=1-\frac{1}{2^s}+\frac{1}{3^s}-\frac{1}{4^s}+\frac{1}{5^s}+\cdots$$

只要 s 的实部大于 1，$\zeta(s)$ 和 $\underline{\zeta}(s)$ 就都是有限的值。这时，模仿中学数学的推导方法，$\underline{\zeta}(s)$ 就变成了下面的形式。

$$\begin{aligned}
\underline{\zeta}(s)&=1-\frac{1}{2^s}+\frac{1}{3^s}-\frac{1}{4^s}+\frac{1}{5^s}+\cdots\\
&=1+\frac{1}{2^s}+\frac{1}{3^s}+\frac{1}{4^s}+\frac{1}{5^s}+\cdots\\
&\quad-2(+\frac{1}{2^s}+\frac{1}{4^s}+\frac{1}{6^s}\cdots)\\
&=(1-2^{1-s})\,\zeta(s)
\end{aligned}$$

在这个算式中，只要 s 的实部大于 1，在数学上就是严谨的。一般情况下，两个函数之间的关系即使经过解析开拓也不会发生改变。因此，当 s 的实部比 1 小的时候，解析开拓后的 $\zeta(s)$ 和 $\underline{\zeta}(s)$ 之间也同样符合上面的关系式。如果关系式中的 $s=-1$，就变成了中学数学推导出的等式。

由此可见，计算与刚才完全相同，不同的是 s 的实部比 1 大，$\zeta(s)$ 和 $\underline{\zeta}(s)$ 为有限的值时，推导出了关系式。$\zeta(-1)$ 和 $\underline{\zeta}(-1)$ 的关系也可以通过解析开拓而推导出来。因此，中学数学的推导是正确的。

版 权 声 明